フード・マーケティング論

藤島 廣二・宮部 和幸・木島 実・平尾 正之・岩崎 邦彦 著

筑波書房

はしがき

　マーケティングに関する著作は驚くほど多い。それほど多くの人々がマーケティングに興味を持っている，あるいはマーケティングを重視しているということであろう。

　しかし，食品や農産物に限ってみると，マーケティングに関する著作は多いとは言い難い。特に基礎的なものとなると見つけるのが難しく，本書のように基本的な調査手法まで取り入れたものとなると，どこの書店に行っても探すことはできないであろう。

　そうした現状に鑑みて，本書は食品・食用農産物にかかわるマーケティングの基礎知識を得たいと考えている人々，特に食品系・農学系の大学・学部で学ぶ大学生や，若手農業経営者，あるいは食品企業等に就職して間もない営業担当者，流通企業の販売担当者などの方々を対象にまとめたものである。

　本書の内容と意図をごく簡単に紹介しておくことにしたい。

　本書は全3部で構成され，第Ⅰ部は「基礎理論編」である。ここは第1章「製品戦略」，第2章「価格戦略」，第3章「チャネル戦略」第4章「プロモーション戦略」の4章から成り立っている。最近のマーケティング論は多様化しているため，これらの4戦略（4P※）だけが基礎であるとは言いがたいが，今日でも4Pがマーケティングを考察する際の最も基本的な視点であることは間違いない。それゆえ，まず第Ⅰ部においてはマーケティング論の土台的位置を占める4Pの習得を目的とする。

　第Ⅱ部は「実践編」で，第5章から第9章までの5章から成り立っている。各章で取り上げているのは現実に行われているマーケティングの事例（第5章：JAひまわり，第6章：茨城中央園芸農協，第7章：トップリバー，第8章：カルビー，第9章：日清食品）である。ここではそれらの事例を通して第Ⅰ部で得た知識を基に実際のマーケティング手法の理解を深める。実践の場では理論がストレートに現れることもあるが，そうでないことの方が多

い。すなわち，ここでは具体的なマーケティング手法を観察し，実践的マーケティング力の向上を図ることを主な目的とする。

　第Ⅲ部は「調査手法編（リサーチ手法編）」で，第10章から第15章までの6章である。ここでは第Ⅱ部でみた具体的マーケティングを展開する上での客観的指標となるデータの収集方法と分析方法を会得することが目的である。どのようなマーケティングを推進するかを決める上でも，また実行したマーケティングの成果を測る上でも，こうしたデータは必要不可欠であり，その利活用能力を高めておくことは極めて重要と言えよう。

　なお，本書は大学の授業を念頭に15章に区分したが，それぞれの章を詳細に教授しようとすると，通常の授業時間の2～3回分に相当するであろう。それゆえ，全章を教授されるか特定の章に限るかは，ご担当の先生方おまかせしたい。

　いずれにしても，読者の方々が本書を通してマーケティングを考える切っ掛けにしていただければ，執筆者一同，望外の喜びである。

　最後になったが，本書の出版にあたって筑波書房の鶴見治彦氏にたいへんお世話になった。ここに心から厚くお礼申し上げたい。

平成28年2月1日

　　　　　　　　　　　　　　　執筆者を代表して　　藤島　廣二

※　Product（製品），Price（価格），Place（チャネル），Promotion（プロモーション）のそれぞれの頭文字がPであることから，4戦略を「4P」と呼ぶことが多い。

目　次

はしがき ………………………………………………………………………… iii

第Ⅰ部　基礎理論編

第1章　製品戦略（Product Strategy） ……………［担当：宮部和幸］…… 3
　1．食品企業による製品戦略 …… 3
　2．製品とは …… 4
　3．製品ライフサイクル …… 6
　4．新製品開発 …… 9
　5．製品差別化と市場細分化 …… 11
　　(1)　製品差別化 …… 12
　　(2)　市場細分化 …… 13

第2章　価格戦略（Price Strategy） ………………［担当：藤島廣二］…… 15
　1．価格と価格設定 …… 15
　2．価格設定に影響する要因 …… 16
　　(1)　原価 …… 16
　　(2)　需要 …… 17
　　(3)　競争 …… 19
　　(4)　その他の要因 …… 20
　3．価格設定方法 …… 21
　　(1)　基礎理論的価格設定方法 …… 21
　　(2)　実践的価格設定方法 …… 25

第3章　チャネル戦略（Place Strategy） …………［担当：宮部和幸］…… 29
　1．流通とは …… 29
　2．チャネルの分類と選択 …… 31
　3．チャネルの管理 …… 33
　　(1)　流通系列化と製販同盟 …… 33
　　(2)　ロジスティクスとサプライチェーン・マネジメント …… 35

第4章　プロモーション戦略（Promotion Strategy）
　　　　　　　　　　　　　　　　　　　　　　　　　　[担当：木島実] …… 37
　1．プロモーション戦略の目的とプロモーション・ミックス …… 37
　2．プロモーション戦略の手法 …… 37
　　（1）人的販売（Personal Selling）…… 39
　　（2）広告（Advertising）…… 39
　　（3）パブリシティ（Publicity）…… 41
　　（4）その他のセールス・プロモーション手法 …… 42
　3．AIDMAモデル …… 44
　　（1）広告のコミュニケーション反応プロセス―AIDMAモデル― …… 44
　　（2）広告コミュニケーションとテレビ広告 …… 45
　4．プッシュ戦略とプル戦略 …… 46
　　（1）プッシュ戦略（Push Strategy）…… 46
　　（2）プル戦略（Pull Strategy）…… 47

第Ⅱ部　実践編

第5章　JAひまわりの生鮮青果物マーケティング
　　　　　　　　　　　　　　　　　　　　　　　[担当：宮部和幸] …… 51
　1．JAひまわりの概要 …… 51
　2．卸売市場出荷 …… 53
　3．直売所出荷 …… 57
　4．JAひまわりの青果物マーケティングの特徴 …… 58

第6章　茨城中央園芸農業協同組合の業務用野菜マーケティング
　　　　　　　　　　　　　　　　　　　　　　　[担当：藤島廣二] …… 63
　1．茨城中央園芸農業協同組合の概要と本章の目的 …… 63
　2．業務用需要向け生鮮野菜のマーケティング …… 65
　　（1）業務用需要への適応度を高めた製品化 …… 65
　　（2）農協が契約当事者となる価格設定 …… 67
　　（3）中間業者が数量調整するチャネル …… 69
　　（4）契約取引推進のためのプロモーション …… 71
　3．農協産野菜加工品のマーケティング …… 72
　　（1）製品の多様化と地元産原料使用の原則 …… 72
　　（2）取引先相手に応じた柔軟な価格設定 …… 74
　　（3）主要チャネルは中間業者経由 …… 76

(4) 人のつながりを重視したプロモーション …… 79
　4．茨城中央園芸農業協同組合マーケティングの特徴 …… 80

第7章　農業生産法人（有）トップリバーのマーケティング
……………………………………………………………………［担当：藤島廣二］…… 83
　1．（有）トップリバーの概要 …… 83
　2．契約取引チャネルと販売増プロモーション …… 85
　　(1) 直接契約に基づく取引チャネルの形成 …… 85
　　(2) 「100点＋200点」理論のプロモーション …… 88
　3．販売先ニーズに合わせた製品化 …… 90
　　(1) 契約販売に即した生産の計画化 …… 90
　　(2) 規格の特定と出荷の周年化 …… 91
　4．商品価値に見合った価格設定 …… 93
　　(1) 営業先相手の倉庫を見る …… 93
　　(2) お互いが納得する価格 …… 94
　5．（有）トップリバーのマーケティングの特徴 …… 95

第8章　カルビーのスナック菓子マーケティング …… ［担当：木島実］…… 97
　1．スナック菓子マーケットにおけるカルビーのポジション …… 97
　　(1) あめ菓子製造業からスタートした企業　松尾糧食工業 …… 97
　　(2) あめ菓子市場からの脱却と，スナック菓子マーケットの確立 …… 98
　2．スナック菓子業界のマーケティング・ミックス …… 100
　　(1) 菓子業界におけるプロモーション政策 …… 100
　　(2) スナック菓子製品のPLC（Product Life Cycle）の短さと鮮度管理 …… 101
　3．マーケティング戦略と新製品開発 …… 103
　　(1) 「かっぱあられ」の開発，そして「かっぱえびせん」の誕生 …… 104
　　(2) カルビーのポテトチップス市場への参入 …… 105
　　(3) 馬鈴薯の未利用資源を活用した「じゃがりこ」の開発 …… 106
　　(4) ブランド拡張によるシナジー効果 …… 108
　4．新製品の開発を重視したカルビー
　　　──キャラメルからスナック菓子へ── …… 110

第9章　日清食品の即席めんマーケティング ……… ［担当：木島実］…… 113
　1．即席めんマーケットにおける日清食品のポジショニング …… 113
　2．製品のバラエティ化による即席めんマーケットの確立 …… 114
　　(1) 即席めんのフルライン戦略の構築 …… 114

（2）フルライン戦略とブランドマネージャー制度の導入 …… 116
　3．即席めんの"大衆食品"価格へ …… 117
　4．多様な流通チャネルとマス・マーケティング …… 119
　　（1）新たな流通チャネルの開拓―総合商社・問屋から自動販売機― …… 119
　　（2）スーパーマーケットの普及とマス・マーケティング戦略の推進 …… 121
　5．日清食品における需要喚起とプロモーション政策 …… 123
　　（1）奇抜なキャッチコピーによるプロモーション政策 …… 123
　　（2）日清食品の単独提供によるテレビ番組放送 …… 124
　6．日清食品における経営戦略の柱―ブランド資産― …… 125

第Ⅲ部　調査手法編（リサーチ手法編）

第10章　マーケティング・リサーチの概要 ……… ［担当：平尾正之］…… 129
　1．マーケティング・リサーチの定義 …… 129
　2．リサーチデザイン …… 130
　　（1）リサーチデザインとは …… 130
　　（2）リサーチの種類 …… 131
　　（3）リサーチの手順 …… 133
　3．データ収集方法 …… 135
　　（1）データの種類 …… 135
　　（2）二次データ …… 136
　　（3）一次データ …… 139

第11章　定性調査 ……………………………………… ［担当：平尾正之］…… 145
　1．定性調査の特徴 …… 145
　2．定性調査の種類 …… 147
　3．グループ・インタビュー …… 148
　　（1）インタビューの準備 …… 148
　　（2）インタビューの実施 …… 152
　　（3）インタビュー結果の取りまとめと分析 …… 153
　4．その他の定性調査 …… 155
　　（1）詳細面接（ディテイルド・インタビュー）…… 155
　　（2）ラダリング …… 155
　　（3）投影法 …… 157
　　（4）観察法 …… 158

第12章　サンプルの抽出　　　　　　　　　　　　［担当：平尾正之］…… 161

1. 母集団とサンプル …… 161
   (1) 集団 …… 161
   (2) サンプル …… 162
2. サンプリング・リスト …… 163
   (1) サンプリング・リストがある場合 …… 163
   (2) サンプリング・リストが不完全か，ない場合 …… 164
3. 有意サンプリング調査と無作為サンプリング調査 …… 164
   (1) 調査の種類 …… 164
   (2) 有意サンプリング調査 …… 165
   (3) 無作為サンプリング調査 …… 166
4. サンプルサイズの決定 …… 168
   (1) 平均値に関するサンプルサイズの決定 …… 168
   (2) 比率に関するサンプルサイズの決定 …… 169
5. 非サンプリング誤差 …… 170
   (1) 非サンプリング誤差の種類 …… 170
   (2) カバーしないことによる誤差 …… 170
   (3) 無回答による誤差 …… 171
   (4) データ収集時に生じる誤差 ……172
   (5) データ処理時に生じる誤差 …… 172

第13章　質問紙の作成　　　　　　　　　　　　　［担当：岩崎邦彦］…… 175

1. 質問文の作成 …… 175
2. 質問の順番 …… 179
   (1) 質問の流れ …… 179
   (2) 関連する質問項目はまとめて配置する …… 180
   (3) キャリーオーバー効果を避ける …… 181
3. 測定尺度の性質 …… 181
   (1) 名義尺度 …… 181
   (2) 順序尺度 …… 182
   (3) 間隔尺度 …… 182
   (4) 比例尺度 …… 183
4. 尺度化技法 …… 184
   (1) リッカート尺度 …… 184
   (2) SD尺度 …… 185
   (3) 何段階がよいか …… 185

第14章　基礎分析手法……………………………………………[担当：岩崎邦彦]……189
　　1．データの分布の把握……189
　　　（1）度数分布表……189
　　　（2）ヒストグラム……190
　　2．平均……190
　　　（1）算術平均（mean）……191
　　　（2）中央値（median）……193
　　　（3）最頻値（mode）……194
　　　（4）平均値，中央値，最頻値の関係……194
　　3．ばらつきの尺度……195
　　　（1）レンジ……196
　　　（2）偏差……196
　　　（3）分散……197
　　　（4）標準偏差……197
　　4．相関分析……198
　　　（1）相関……199
　　　（2）散布図……199
　　　（3）相関係数……200
　　　（4）擬似相関……201
　　　（5）相関と因果関係……201
　　5．クロス集計……202

第15章　応用分析手法……………………………………………[担当：岩崎邦彦]……205
　　1．特化係数……205
　　2．パレート分析……206
　　3．消費者空間行動分析……207
　　4．多変量解析のマーケティングへの適用……209
　　　（1）回帰分析を利用した顧客満足度分析……209
　　　（2）因子分析を利用したポジショニング分析……212
　　　（3）多次元尺度法を利用したポジショニング分析……215
　　　（4）コレスポンデンス分析を利用したポジショニング分析……216
　　　（5）クラスター分析を利用したマーケット・セグメンテーション……217

第Ⅰ部
基礎理論編

第1章

製品戦略（Product Strategy）

1．食品企業による製品戦略

「製品戦略」（Product Strategy）^(注1)とは，生産者（企業）が市場^(注2)に製品（商品）^(注3)を供給するための戦略である。すなわち，どのような製品をつくれば売り上げを増やすことができるか，いかにして顧客（消費者）^(注4)が買いたいと思う製品をつくっていくか，といった企業の製品づくりにほかならない。

製品は企業と消費者とを結びつける絆であり，もし製品がなかったら，マーケティングそのものは存在しない。その意味において製品戦略は，価格（Price），チャネル（Place），プロモーション（Promotion）の戦略よりも優越的な位置にあり，他の戦略に強い影響を与える。実際，企業がどのような製品を生産・販売するかは，売上高や市場シェア（ある時期の市場全体に占める当該企業の売り上げの割合）などのマーケティング成果に大きな影響を

(注1)「製品戦略」（Product Strategy）は，「製品政策」（Product Policy）あるいは「製品計画」（Product Planning）などと呼ばれることもある。

(注2) マーケティング論における「市場」とは，顧客が集合している場であり，複数の生産者がその顧客を確保するために競争している場である。ここでの「生産者」は，こうした市場に働きかけることができる加工食品の「企業」（寡占的なメーカー）を念頭においている。

(注3) 生産者（企業）が創出する「製品（商品）」は，米やピアノ等の「有形財」と散髪やPOSデータのような「無形財」とに大きく区分できるが（藤島・安部・宮部・岩崎『新版　食料・農産物流通論』筑波書房・2012年・15ページ参照），ここでは混乱を避けるために有形財だけを対象とする。

(注4)「顧客」とは，潜在的に購買の意思と能力のある人・組織を指す。顧客には消費者のみではなく，企業等の組織も含まれるが，食品の場合，消費者が顧客の圧倒的多数を占めるため，ここでは消費者としておく。

与える。

　本章では，何をつくればよいのかという製品戦略に関して，製品(注5)とは何かという議論から始め，製品の寿命を説明する製品ライフサイクル，その製品の寿命への対応として新製品の開発，さらにその開発に深く関わる製品差別化と市場細分化について，「食品」という製品を中心に述べることにしたい。

　そもそも食品とは，1回か数回の使用でその価値が消えてしまう非耐久消費財(注6)であり，われわれ消費者によって日常的に購入される比較的安価な製品である。また，食品といっても，野菜や果物のような生鮮食品から，パンや乳製品，緑茶飲料などの生鮮的加工食品，菓子や缶詰などのドライ加工食品，冷凍食品にいたるまで，多種多様の製品がある。

　本章では，家庭で消費する食料の半分以上を占め，われわれにとって身近な食品である加工食品，なかでも生鮮的・ドライ加工食品を中心に考えてみたい。こうした加工食品の生産者である企業は，生鮮食品の生産者に比べて市場への働きかけが容易なこともあって，毎年，数千アイテムに及ぶ新製品を市場に導入するなど，製品戦略をきわめて重視している。

2．製品とは

　まず製品とは何か，その特性を把握することから始めてみよう。スーパー

(注5)「製品」は生産者の立場から捉えた概念であるのに対して，「商品」は流通の商的取引の立場から捉えた概念である。両者は必ず区別しなければならないというものではないが，本章では生産者（企業）の立場から製品戦略を論じているため，主に製品を用いる。

(注6)（注3）で指摘した「有形財」は「消費財」と「生産財」に分けられ，消費財はさらに「耐久消費財」（家具，自動車など）と「非耐久消費財」（野菜，菓子，衣類など）に分けられる。食品はこの非耐久消費財に属する。なお，消費財の場合，消費者の購買行動の違いによって「最寄品」，「買回品」，「専門品」の3つに区分することもある。最寄品は，比較的近くのお店で日常的に高頻度で購入される製品（商品）を意味し，食品は日用雑貨品などとともにここに入る。それ以外の買回品は，購入する際に複数の店を見て回り，品質，価格などについて比較を行う製品で，家具や電化製品などが典型である。専門品は，当該製品を専門的に販売している店において，特性・優位性や取扱・使用方法，あるいは故事来歴などを確認した上で購入するような高級時計や美術品などが該当する。

マーケットの食品売り場に行けば、数多くの種類の製品（商品）が並んでいる。飲み物コーナーでは、さまざまなペットボトルがところ狭しと陳列されている。

　たとえば、そのなかから、ペットボトル緑茶を購入するとしよう。われわれは果たして何を求めて購入するだろうか。喉の渇きを潤すため、それともパッケージが可愛らしいから、あるいは新しい風味を味わうため、摂取カロリーを控えるためなど、さまざまな思いを持ってペットボトル緑茶を手にとらないだろうか。これはペットボトルに入った緑茶という物理的な財（もの）として製品を購入するだけでなく、財の効用もしくは機能、そこから得られる便益を求めて、われわれは購入することを意味している。

　マーケティングの考え方は、常にわれわれ消費者の視点を取り入れることにある。つまり、消費者の使用目的からみて、そのペットボトル緑茶がどのような便益を持っているかが問われるのである。製品の便益は、消費者が知覚できる製品の特性、すなわち「属性」と密接に関係している。

　図1-1は、緑茶ペットボトルを例として、こうした製品の属性を示したも

図1-1 製品の属性

のである。まず、飲む、味わうといった緑茶飲料としての「基本的特性」と、それを客観的に把握することのできる内容量、成分、カロリー量などの「物的特性」に関わる属性がある。これらの属性は、どちらかといえば形のある有形属性に含まれるものが多い。

それに対して、製品を表す言葉や記号などといった形のない無形属性がある。これには企業名や「ブランド」(注7)など、消費者に製品を連想させる「イメージ特性」に関わる属性と、クレーム対応などの製品に付帯している「付帯サービス特性」に関わる属性がある。これらの属性は、いわゆるファッション性やブランドの優越性といった消費者の価値観と密接に関連している。

このように、ペットボトル緑茶という製品（商品）は、基本的特性、物的特性、イメージ特性、付帯サービス特性のそれぞれに関わる多様な属性が集合している状態、すなわち「属性の束」であることが理解できる。

3．製品ライフサイクル

製品はいかなるものであっても永遠に存続することはない。例えば日本で第二次世界大戦後に現れたブラウン管型白黒テレビは、1970年代末までにブラウン管型カラーテレビに取って代わったが、現在はそのブラウン管型カラーテレビの姿さえ見ることができない。テレビといえば、誰もが薄型デジタル・カラーテレビを頭に浮かべる時代である。このように製品は市場に登場し、そして次第に普及し、やがて生産が中止され、市場から姿を消すことになる。この登場から消滅までの過程を、マーケティング論では人間の一生に

(注7)「ブランド」(brand) の語源は、農家が自分の牛と他の農家の牛を区別するために焼き印をつけたこと (burn) に由来するといわれている。つまり、ブランドには、牛に焼き印をつけるように、他の類似のものと区別や識別をするという意味が含まれている。したがって、ブランドとは、生産や流通を担当する企業等が、他企業等の類似製品から異なるものと識別するための、特定の名前、シンボル、デザイン、あるいはこれらが複合されたものである。ただ、ブランドそのものは、単なる名前やマークにすぎないが、それをマーケティングのなかに組み込むことによって、企業と消費者との間に新たな関係を築くことができる。

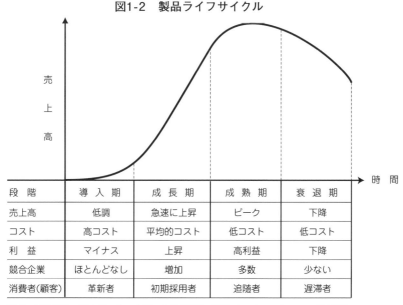

図1-2 製品ライフサイクル

段　階	導 入 期	成 長 期	成 熟 期	衰 退 期
売上高	低調	急速に上昇	ピーク	下降
コスト	高コスト	平均的コスト	低コスト	低コスト
利　益	マイナス	上昇	高利益	下降
競合企業	ほとんどなし	増加	多数	少ない
消費者(顧客)	革新者	初期採用者	追随者	遅滞者

出所：石井淳蔵・栗木契・嶋口充輝・余田拓郎著『ゼミナールマーケティング入門』
　　　日本経済新聞社・2004年・320頁を参考。

　なぞらえて「製品ライフサイクル（Product Life Cycle）」と呼んでいる。
　一般に製品ライフサイクルは，時間と売上高（市場規模）を横軸（x軸）と縦軸（y軸）として，図1-2のようなS字曲線で示すことができ，「導入期」，「成長期」，「成熟期」，「衰退期」の4つの段階に区分することができる。
　導入期は，新製品が市場に導入されたばかりで知名度が低いため，売上高があまり伸びない段階である。しかし，この時期はその新製品の知名度を高めるために，広告・宣伝費などに多額の費用（コスト）を必要とする。それゆえ利益が出ないことが多い。
　続く成長期は，当該製品の知名度が高まり生産高（売上高）が大幅に伸び，利益も増加する段階である。ただし，この時期になると他企業が同じ種類の製品を製造・販売するようになるため，企業間の競争が次第に強まり，価格の低下傾向も強まる。
　成熟期に入ると，当該製品を必要とする人々のほとんどが入手するように

なるため，その製造・販売企業の合計売上高は最大になるものの，その伸び率は鈍化する。この時期の前半は利益が高水準で推移するが，追随企業がさらに増加することによって競争がいよいよ激化し，価格もますます低下するため，次第に利益が減少する。

最後の衰退期は，当該製品の市場が縮小していく段階である。売上高，利益とも下降線をたどり，利益をあげることができなくなる企業が増える。それゆえ，適切なタイミングで当該製品の生産を打ち切ることが求められることになる。

こうした製品ライフサイクルの考え方は，われわれ消費者が，新製品を受け入れる時期とも関係している。新製品が，消費者に受け入れられる時期の違いによって，早期に採用する順番に，「革新者」，「初期採用者」，「追随者」，「遅滞者」といわれるタイプに消費者（顧客）を分けることができる。

革新者は，新たに現れた製品を最も早い段階で受け入れる人たちである。その製品がどのようなものか評価がはっきりしないうちに購入するので，冒険心にあふれ，未知のものに進んで手を伸ばす性格の持ち主である。したがって，革新者は，製品ライフサイクルの導入期に登場する人たちとなる。

革新者に続いて，比較的早い時期に新製品を受け入れるのが初期採用者といわれる人たちである。自らで判断して採用する先見性をもち，家族，友人などの他の消費者への影響力が大きく，オピニオンリーダーとしての役割も果たしている。製品ライフサイクルの成長期に多くみられるタイプである。

さらに，初期採用者に遅れて新製品を購入するのが追随者である。彼らは，周囲の大多数が採用しているのを見てから同じ選択をする人たちであり，新製品については比較的懐疑的な人たちも含まれている。追随者は，製品ライフサイクルの成熟期に大きなボリュームをもった存在となる。

そして最後に採用する遅滞者は，最も保守的な人たちであり，流行や世の中の動きに関心が薄い人たちで，製品ライフサイクルでは衰退期に多くみられる。

製品ライフサイクルは，4つの段階での違いに注目し，段階間でマーケテ

ィングの戦略を転換することを強調している。つまり、各段階における市場の特徴やそこに登場する消費者を捉えることによって、企業が何をすべきかを考えることができるのである。

　しかし、現実は、すべての製品が導入期から衰退期までの各段階を推移するのではなく、導入期の段階で市場から消えていく製品も少なくない。また一般に、製品ライフサイクルは、乳製品、缶詰、調味料といった製品カテゴリーによって、その期間の長さは異なる。そして加工食品全体について、導入から衰退に至る製品ライフサイクルの期間が、近年、短縮化傾向にあるといわれている。

　企業が長期間にわたって売上高を維持・拡大するためには、こうした製品ライフサイクルを的確に把握することによって、既存製品が衰退期に入る前に新製品を導入することがポイントとなるのである。

4．新製品開発

　毎日のように新製品が誕生していることは、テレビや新聞などからも容易に理解できよう。食品の場合、年間に5,000から6,000アイテムに上る新製品が誕生しているといわれている。

　一般に新製品という場合、それは広い意味で使われることが多い。まったく新しく画期的な新製品のみを指すのではなく、すでに類似製品が数多く出回っている場合であっても、既存製品の品質や容器、デザインを変更・改良すれば、新製品とみなすし、また既存の同じ製品のままであっても、新たな用途を見つけだして従来とは異なる市場に導入する場合にも、新製品とみることができる。

　そうした新製品を開発するためプロセスは、一般的には図1-3に示す6段階を持っている。最初の「①新製品のアイデアの収集」では、企業内外から多数のアイデアを収集することからスタートする。既存製品に関する顧客からのクレームも、既存製品の改良による新製品の創出に役立つことがある。

図1-3 新製品開発のプロセス

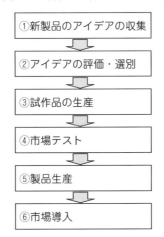

出所：嶋口充輝・和田充夫・池尾恭一・余田拓郎著
『ビジネススクール・テキストマーケティング戦略』
有斐閣・2004年・66頁を参考。

「②アイデアの評価・選別」では，①の段階で提出されたアイデアの製品化が技術的側面，市場的側面から可能かどうかを評価する。技術的側面で最も重要な点は当該企業の生産技能である。どんなに良いアイディアであっても，それを実際に生産する能力がなければ製品化できないことは改めて述べるまでもなかろう。市場的側面で重視すべき点は，アイディアを製品化した際の予想市場規模である。いかに画期的な新製品であったとしても，当該企業にとって十分な利益が見込めなければ生産するわけにはいかないのである。

「③試作品の生産」では，実際に試作品を生産し，生産技術的な問題点や生産コストを確認・改善するとともに，製品の品質，サイズ，デザインなどを確認する。さらに，価格やネーミングについても検討・決定し，次の段階の「市場テスト」の準備を行う。

その上で「④市場テスト」（テスト・マーケティング）が実施される。これは失敗の危険を少しでも減らすために，限定した地域で試験的に販売した

り，当該企業の消費者モニターなどに販売することによって，消費者の反応をみるためのものである。この「市場テスト」の結果を踏まえて，見込みのある新製品と判断されると，最終的に価格やネーミングが決められ（「市場テスト」段階と同じこともあれば，変えることもある），本格的に「⑤製品生産」を開始し，新製品の「⑥市場導入」となる。

　新製品は，こうしたプロセスを経ながら，消費者のニーズを基盤として開発される。しかし，既述のように，企業は消費者ニーズをくみ取るだけでなく，新製品を製造する技術も不可欠である。すなわち，新製品の開発にあたっては，消費者のニーズと企業技術の2つが同時に満たされなければならない。米菓子を製造している企業はあられや煎餅などを製造しているが，チョコレートやガムといった種類の菓子は製造していない。企業はやみくもに新製品を開発するのではなく，企業の持っている経営資源を有効活用して，製品づくりに力を注ぐことが大切となるわけである。

　しかし，どれほど消費者のニーズをくみ取り，それを新製品として開発し生産したとしても，それが最終的に消費者に受け入れられなくてはならない。そのため新製品が，競合企業の製品と何らかの違いがあるものとして，消費者に認知されなければならないし，どのようなタイプの消費者に受け入れられるのか，特定化しておくことも必要になってくる。すなわち，次に議論する「製品差別化」[注8]や市場細分化を考えなくてはならないのである。

5．製品差別化と市場細分化

　第二次世界大戦後，かなり長い期間にわたって，われわれの生活は周りの人と同じ物（財）が揃っておればよく，食品でいえば，皆と同じものを食べていればよかった。これに対応して，多くの企業は少品種大量生産に取り組んできた。しかし，経済が発展して所得水準が上昇すると，消費者は周囲と

(注8)「製品差別化」という用語は英語の"Product Differentiation"からきているが，これは「製品差異化」，「製品区別化」などといわれることもある。

は違ったもので，少しでも優越性を感じられるものを求め始めるようになった。

　今日では，消費者のニーズはさらに高度化・個別化して，自分なりの生活や価値観にあった製品を求める傾向が強くなってきている。これから議論する製品差別化や市場細分化は，こうした消費者のニーズの多様化を基盤としている。

(1) 製品差別化

　製品差別化（Product Differentiation）とは，端的にいえば，われわれ消費者がこの製品でなければだめだと思って購入する状況を形成することである。たとえば，「ポテトチップはやっぱり○○○だ」，「ビールなら○○○でなければならない」といって，その製品を選択し購入する。つまり消費者が，ある製品について，他企業の類似製品を選択しないほどの好み（選好）を形成している状態，あるいはこのような状態を生み出す企業の行為をいう。この行為を戦略として計画的に行う場合，「製品差別化戦略」とよぶ。

　したがって，製品差別化された製品は，消費者が価格基準ではなく，品質やブランドなどで製品を選好するため，類似製品の価格変動にさほど影響を受けなくなる。つまり，当該企業にとって製品差別化は，類似製品との価格競争をある程度回避することを可能にするのである。

　では，製品差別化にはどのようなものがあるのだろうか。それは製品が多様な属性を持っていることと密接に関係しており，一般に次の3点があげられる。

　1つは，製品の物理的な差別化である。たとえば，同じペットボトル緑茶であっても，原料の茶葉を違うものにしたり，新しい機能を付加したり，包装やデザインなどの有形属性を変えるなどして，他の類似製品と異なる特徴を持たせるのである。

　2つは，製品のイメージ上の差別化である。企業イメージ，ロゴ，ネーミングなどのイメージ特性に関する属性において当該製品の独自性を訴えよう

というものである。これはブランドを巧みに組み合わせることから，ブランドによる差別化ともいわれる。

3つは，消費者への対応力（サービスの提供）による差別化の状況である。情報提供，アフターサービス，信用供与などの付帯サービスに関する属性を強化することによって，消費者の支持を得ようというものである。

近年，企業間の製品開発力が接近し，製品の本質的な機能面で差別化の余地は少なくなりつつある。それに対して，消費者のニーズは極めて多様化しており，製品のイメージや消費者への対応力による差別化の領域は拡大している。なかでも食品においては，製品の偽装問題，安全性問題などを契機として，ブランドによる製品差別化が注目されてきている。

(2) 市場細分化

ブランドなどによる製品差別化は，多様化する消費者ニーズを基盤として，他企業との競合製品を念頭において差別化を図るものである。それに対して，市場細分化は，消費者の多様性，異質性に着目するものである。

市場は，多様な年齢，職業，収入，価値観などを持った無数の消費者で構成されている。企業は，市場全体を対象として製品の開発を行うよりも，自社の製品を強く求める対象に絞り込んでマーケティング活動を集中させるほうが合理的である。市場細分化（Segmentation）とは，ある製品についての消費者が持っている選好が異質であるということを前提として，全体市場を分割することをいう。消費者をより小さな集合に細分化して捉えられる市場を「市場セグメント」といい，企業は市場セグメントを抽出して，それに適合したマーケティング計画を立てて効率的に市場にアプローチしていくことを「市場細分化戦略」という。

一般に，食品では，地域によって製品に対する消費者の選好が異なることはよく知られている。たとえば，関東地域と関西地域ではうどん等のだし汁が違う。関東地域はかつお節と濃口醤油を使い，かつおの香りが強く色も濃いだし汁であるのに対して，関西地域では昆布を主体に薄口醤油を使うため

に，あっさりとして色の薄いだし汁である。濃口醬油という製品の市場を考えた場合，それは関西ではなくて関東地域に絞り込むことのほうがより効果的となるわけである。

また，年齢によっても選好は異なってくる。たとえば，スナック菓子の場合，小学生を対象とすれば甘くやわらかい菓子が好まれるが，30〜40歳代の男性を対象とするなら，酒のおつまみとして辛い菓子が好まれる。つまり，市場細分化は，消費者の選好が異なる市場に分けることによって，消費者ニーズにより適合することをねらいとしているのである。

市場細分化と製品差別化の違いは，細分化した市場を前提としているのか，それとも市場全体であるか，市場の対象によるものともいえる。つまり市場細分化は，消費者の年齢別，性別，地域別，所得階層別などを基準として，部分的な市場を対象とするものである。それに対して，製品差別化は，あくまでも大きな市場を対象として，他企業の競合製品とは異なる製品を開発し，売り上げを伸ばす戦略であるといえる。

以上，本章では，食品加工企業を念頭において，製品の特性（属性），市場における製品ライフサイクル，そして新製品開発のプロセス，製品差別化と市場細分化について考察してきた。企業は，製品には寿命（ライフサイクル）があるので継続的に新製品開発に取り組み，また製品の属性に着目した製品差別化や，ターゲットを絞り込んだ市場細分化など，効果的な戦略を採用しながら，製品を市場に提供していくことが求められる。すなわち，製品戦略とは，消費者の思いをくみ取った生産者（企業）の有効かつ効率的な製品づくりであるといえよう。

参考文献

石井淳蔵・栗木契・嶋口充輝・余田拓郎『ゼミナール　マーケティング入門　第2版』日本経済新聞社・2013年

藤島廣二・安部新一・宮部和幸・岩崎邦彦『新版　食料・農産物流通論』筑波書房・2012年

米谷雅之『現代製品戦略論』千倉書房・2001年

第2章

価格戦略（Price Strategy）

1．価格と価格設定

　市場（商品を売買する場）で取引をする際，最も重要なものは「価格」である。価格がなければ，売り手は商品と交換に代金（当該商品に応じた特定の金額）を入手することができないし，買い手は代金を渡して商品を受け取ることができない。

　しかし，一般に「価格」という場合，どのようなものをイメージしているかは必ずしも定かではない。例えば小売段階においてある買い手（消費者）は実際に購入した時の"価格"（確定価格）をいっているであろうし，またある買い手は買う前に値札等で提示されている"価格"（予定価格）をいっているかも知れない。

　実は，「価格」とは値札に記してある金額そのものとは限らない。スーパー・マーケットの総菜コーナーなどに夕方に行くと，売れ残っているものの値札の金額を書き換えるところをよく見かけるが，これは「値札の金額」＝「価格」ではないことを示している一例である。「価格」とは厳密・正確にいえば，「売り手が望む金額」と「買い手が納得する金額」が一致することによって，当該商品の代金授受が行われる際に成立するものであろう。だから，中東のバザールなどのように売り手と買い手が打打発止とやり合う取引では，相手が異なれば全く同じ商品でも「価格が異なる」ことが珍しくないのである。

　本章で対象とするのは，そうした「厳密・正確な意味での『価格』」をスムーズに成立させるための方法，換言すれば買い手（消費者等）側が納得しやすい金額を売り手（小売業者，メーカー等）側が値札等で提示するための

方法(価格〔設定〕戦略)である。価格戦略の要諦は売り手側がある一定の価格で商品を販売することによって,長期間にわたって当該商品の利潤を最大化するか,または当該企業全体としての利潤を最大化することにあるが,そのためには売り手側は自らのリードの下,買い手側も納得しうる適切な価格を実現し続けなければならないからである。

2. 価格設定に影響する要因

(1) 原価

売り手(生産者・製造業者,卸売業者,小売業者)[注1]が価格設定を行う際,それに影響する要因は意外なほど多い。例えば,生産量の規模,需要の大小,売り手どうし(または買い手どうし)の競争の強弱,販売する場所(デパート,ディスカウント・ストア,等),あるいは日々の天候(特に農産物の場合,品質や生産量が天候に左右されやすい),等々である。が,それらの中で多くの売り手が最も重視するのは,当該商品の製造原価または仕入原価であろう。なぜなら,売り手が販売予定商品の値付けをする際,その値が原価を下回るならば,その販売によって利益を得るどころか赤字になってしまうからである[注2]。

仕入原価は通常,卸売業者や小売業者が再び販売するために仕入れる際の商品の価格であるが,製造原価はメーカー(製造業者)が仕入れた商品(原材料)に手を加えて新たに商品を生産するのに要する諸々の費用の合計で,一般的に次のように表すことができる。

(注1) 本章で製造業者,卸売業者,小売業者のように「業者」という場合,個人だけを意味するのではなく,組織(大手メーカー,大手商社,スーパー・マーケット・チェーン等の企業)も含む。
(注2) すべての商品が原価を割らないように価格設定されるわけではない。見切り品やロス・リーダー(特売品,目玉商品)といわれる商品の中には,赤字を覚悟で値付けされるものもある。ただし,通常,見切り品としての販売は売れ残ることで発生する赤字をより少なくするための方法であり,特定商品のロス・リーダーとしての販売はその価格の安さでより多くの顧客を集め,他の商品も一緒に購入してもらうことで当該企業全体としての利潤を最大化しようとする戦略である。

製造原価（原価）＝設備投資の償却費＋原材料費＋人件費＋その他経費

ここでの設備投資とは当該商品を製造するために必要な工場や機械等であり，その償却費は生産量の多寡によって変化することのない固定的な費用（固定費）である。それゆえ，工場の増設などを行わずに，同じ工場と機械等を利用して生産量を増やすことができればできるほど，商品1単位（1個）当たりの設備投資償却費は低下する。

原材料費はメーカーが生産する商品のもとになる原材料を仕入れるための費用で，当該商品の生産量の増加に比例して増加する変動費である。これに対し，人件費は正社員だけに限れば，商品の生産量の増減によって変化するわけではないので固定費となるが，生産量の増減に応じて増減する臨時雇用者は変動費とみることができる。また，その他経費は当該商品の開発費，特許関連費用（特許登録料，特許使用料，等），税金（法人税，消費税，等），営業費，関連事務諸経費，等の合計で，その中には固定費もあれば変動費もある。

メーカーは商品の価格（販売予定価格）を設定する場合，このような多種類の費用からなる製造原価を割り込まないように注意しなければならない。もちろん，卸売業者や小売業者も仕入原価に店舗等の償却費や販売員等の人件費等を加えた上で販売価格を設定することになる。

(2) 需要

多くの売り手が原価に次いで重視するのは，買い手側の購買意志（支払能力のある購入意欲），すなわち需要（有効需要）である。それは特に以下の2つの点で重視される。

その一つは，各商品に対する需要の規模[注3]である。その規模が大きけ

（注3）「需要の規模」の「需要」は単なる欲望としての需要ではなく，購買能力（貨幣支出）の裏付けを有する需要，すなわち有効需要である。それゆえ，ここでの「需要の規模」は「市場（買い手側の購買能力の合計）の規模」または「市場規模」と同意である。

れば売り手側は大量生産・大量販売が可能で，それだけ商品1単位当たりの製造原価（生産費）が低下するため，価格を低めに設定することができる。その例は，多くの人が着用する白色下着の特売価格や，過去10数年ほどの間に急速に普及した携帯電話の価格低下，あるいは家庭や職場で，また旅行中などにも手軽に食べることができる袋入り（箱入り）のお菓子の価格の安さ，等にみることができる。

逆に，需要の規模が小さいと，生産・販売量も少なく，商品1単位当たりの製造原価が高くつくため，売り手側にとって価格を低めに設定することが難しくなる。それは例えば，一つひとつを手作りしなければならない和紙や絞り染めの衣類の場合，一般の用紙や衣類よりも価格が高いこと等に現れている。

もうひとつの点は，需要の価格弾力性である。この弾力性は商品ごとに需要量の変化率を価格の変化率で割ることによって求められる。すなわち，ある商品のある時点（ある時刻，ある日，ある年）の需要量をQ，そのx期間後（x時間後，x日後，x年後）の需要量をQ'，そして需要量Qの時の価格をP，Q'の時の価格をP'とすると，この期間における当該商品の価格弾力性（E）は下記の式で表すことができる。

$$E = -[(Q'-Q) / \{(Q'+Q)/2\}] / [(P'-P) / \{(P'+P)/2\}]$$

例えば，あるスーパー・マーケットでミカンを1パック当たり198円で売ったところ180パックの販売量にとどまったので，翌日178円に値段を下げて売ったところ，210パックを売り上げることができ，ミカンの売上高（価格×販売量）も35,640円から37,380円に増加したとすると，その価格弾力性は
$E = -[(210-180) / \{(210+180)/2\}] / [(178-198) / \{(178+198)/2\}]$
$=1.45$となる。

価格弾力性が1より大きければ，価格を引き下げた場合，当該商品の販売量が増加し，売上高（価格×販売量）も増加し，逆に1より小さければ，価格を引き下げても，販売量が少ししか増加しないため，売上高は減少するこ

とになる（価格弾力性が1であれば，売上高は変わらない）。それゆえ，価格弾力性が1より大きければ，価格の引き下げは売上高を伸ばす上で有効な方策であるが，1より小さい場合には得策とは言い難い。ちなみに，食料品の場合，価格弾力性が1より小さい品目が多い。

(3) 競争

売り手が価格設定をする際に重視する要因の第3は，売り手側と買い手側の双方における競争関係である。

ごく一般的に言えば，売り手側が独占または寡占の状態で買い手側が自由競争下にあれば，売り手側が一方的に価格を決めうる余地が大きく，逆であれば買い手側の言い値に従わざるを得ない可能性が高まる。前者の代表的な例として，電力自由化前の電力会社による電気料金の設定が挙げられる。全国を10の地域に分割し，それぞれの地域が1電力会社体制になっていたため，売り手側の電力会社は十分な利潤を実現しうる価格を設定することが比較的容易であった[注4]。後者の例としては大手の自動車メーカー（買い手）と中小の下請け会社（売り手）との間での自動車部品の取引が挙げられるが，この場合，買い手側の自動車メーカーは最終製品である自動車の売価を前提に，部品の購入価格を売り手側の下請け会社に要請することになる。

また，売り手側と買い手側の双方において比較的自由な競争が行われているとみられる場合であっても，それぞれの業界でトップの企業と，第2位や第3位以下の企業とでは価格設定方法が異なることが多い。通常はトップ企業がプライス・リーダー（価格主導者）として特定の商品の価格を独自に設定し，同種の商品を有する第2位以下の企業はトップ企業の価格に横並びで設定する。もちろん，異なる価格を設定することは不可能ではないが，同じ商品なのに高い価格を設定すれば売れなくなるであろうし，安く設定すれば，

（注4）2011年3月の福島原発問題の発生後，東京電力(株)は原子力発電から火力発電に変えたことによるコスト上昇を理由に電力料金の値上げを発表したが，独占企業でもない限り，これほど大きな社会問題を引き起こした会社が即座にコスト上昇を理由に値上げを試みるなど不可能であったであろう。

トップ企業も価格を引き下げるであろうから，販売量が伸びず，売上高が減少するだけの結果になりかねない。トップ企業との価格競争に勝てる見込みがない限り，異なる価格の設定はきわめて難しいと言わざるを得ない。

(4) その他の要因

本節の冒頭の「(1) 原価」のところでも述べたように，価格設定に影響する要因は多様である。これまでに説明した「原価」，「需要」，「競争」以外に，さらに少なくとも以下のような4点を挙げることができる。

1つ目は販売チャネルである。

価格の高低にかかわる販売チャネルという点では，特に小売業態の違いが重要である。例えば，銀座や新宿のデパートに行って安い物を買おうと考える人はいないであろうが，逆にディスカウント・ストアに行って高級品を買おうと考える人もいないであろう。すなわち，いかに高価値の商品であっても，それに見合った高価格を実現するには，販売する場所（販売チャネル）を選ばねばならないのである。

2つ目はブランド・ロイヤルティ（銘柄忠実度）である。

商品の中にはバッグなどのように同じ種類のものであっても，製造業者や生産地などの違いによって，すなわちブランドの違いによって，価格の上下により顧客数が大幅に増減するものと，そうでないものとがある。大幅に増減する前者はブランド・ロイヤルティが低い商品であり，そうでない後者は高い商品である。それゆえ，ブランド・ロイヤルティが高い商品（一般に「ブランド品」または「ブランドもの」と呼ばれる商品）の場合，他の類似の商品よりも価格を高く設定することが比較的容易であるのに対し，ブランド・ロイヤルティが低い商品の場合，顧客がその価格を類似の競合商品よりも高いと感じると，当該商品から即座に競合商品にシフトするため，価格を高く設定することがきわめて難しい。

3つ目は保証・サービスの有無である。

保証とは家電製品に代表されるように，売り手側が一定期間における当該

商品の品質の保持を目的に，故障した場合等には無償で修理等を行うことであり，サービスとは修理のために顧客の自宅まで出向いたり，顧客の指示する場所まで商品を配送したり，食品の安全性に関する情報を提供したり，といったことである。したがって，保証・サービスを必要とする商品の場合，顧客の要望に応じて保証期間を長くできればできるほど，また顧客が必要とするサービスをその必要に応じて柔軟に提供できればできるほど，価格を高く設定することが可能になる。

　4つ目は製品ライフサイクルの中での時間的位置である。

　第1章で説明したように，製品ライフサイクルは導入期，成長期，成熟期，衰退期の4期に分けられるが，これらのどの時期に位置するかによって価格設定に違いが見られる。導入期と衰退期，特に導入期においては競争相手（競合企業）がほとんど存在せず，独占・寡占状態であることから，価格を高めに設定することが容易である。これに対し，成長期と成熟期には競争相手が多くなるため，ブランド・ロイヤルティが高い商品でもない限り，価格を高く設定することは難しい。特に成長期には競争相手に勝って生産・販売量を増やそうとするため，価格を低めに設定しようとする傾向が強まると言われている。

3．価格設定方法

(1) 基礎理論的価格設定方法

　上述したように価格を設定する際に影響する要因は様々であるが，それらを考慮しつつ，どのように価格設定が行われるかというと，大きく分けて基礎理論的な方法と実践的な方法の2つが挙げられる。そのうちの基礎理論的な方法とは，経済学理論に基づく「限界分析」型価格設定と「損益分岐点分析」型価格設定である。

① 「限界分析」型価格設定

「限界分析」型価格設定では，価格設定の対象となる商品は売り手が単一またはごく少数しか存在しない不完全競争市場（独占状態または寡占状態）で売買されると仮定する。それゆえ，各売り手にとって当該商品の需要曲線は，価格が縦軸（Y軸），販売量が横軸（X軸）の図において右肩下がりとなるため，個々の売り手は価格を下げて販売量を増やすことができるし，販売量を減らして価格を上げることもできる[注5]。

こうした商品の価格設定方法を説明するために，売り手を1社と仮定して作成したのが**図2-1**である。この図の中で利潤の最大化を実現するために最も重視すべきは，限界収入曲線と限界費用曲線である。限界収入とは需要曲線上において売り手が販売量を1単位増やすごとに得ることができる新たな追加収入部分（販売額の増加分）を意味し，限界費用とは売り手が販売量を1単位増やすごとに負担しなければならない新たな追加支出部分（原価の増加分）を意味する。例えば，ある商品を10単位販売する時，需要曲線から求められる1単位当たりの価格（単価）は500円で，総販売額は5,000円，その際の総費用（原価の総額）は4,000円（1単位当たり平均費用は400円）であるとし，これを1単位増やして11単位販売すると単価は若干下がって485円，総販売額5,335円，総費用4,290円（平均費用390円）になるとすると，この1単位の増加によって売り手が新たに得る限界収入は335円（5,335－5,000），新たに負担しなければならない追加の限界費用は290円（4,290－4,000）である。そして，この場合，限界収入が限界費用を上回るので，両者の差額である限界利潤はプラスとなり，総利潤は増加する。

図2-1では，限界収入曲線と限界費用曲線は両者の交点であるR点の左側に位置する場合，前者が後者を上回る。それゆえ，R点の左側（X軸のqより

(注5) 多数の売り手と多数の買い手が存在する完全競争市場（純粋競争市場）では，個々の売り手や買い手は単独で全体の価格動向や販売量動向に影響するような力を有していないため，通常，単一の売り手が他の売り手のことを考慮することなく自分だけで価格を上げ下げすることはない。なぜならば，自分の商品だけ価格を上げれば売れなくなるし，下げても需要の増加に対応できなければ，欠品等のトラブルを引き起こすことになるからである。

図2-1　限界分析に基づく価格設定方法

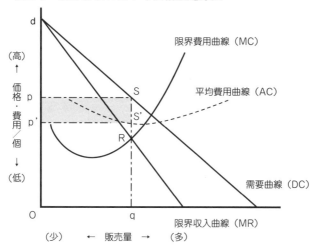

左の部分）では当該商品の販売量をどれほど増やしても，限界利潤はプラスであるため，販売量を増やすほど総利潤は大きくなる。これに対し，R点の右側では限界収入曲線は限界費用曲線を下回るため，限界利潤はマイナスとなる。それゆえ，販売量を増やせば増やすほど，総利潤は減少することになる。

したがって，この設定方法においては，利潤を最大化するための価格は限界収入と限界費用が一致し，限界利潤が0になるところ，すなわち図のR点のところで決まる。この時の販売量はq（q0またはSp）で，価格はその販売量qと需要曲線とから求められるp（p0またはSq）である。その場合の総利潤は四角形PSS'P'で，当該商品の販売における最大の利潤である。

② 「損益分岐点分析」型価格設定

「損益分岐点分析」型価格設定においても，「限界分析」型価格設定と同様，単一またはごく少数の売り手からなる不完全競争市場が仮定され，価格は売り手側が十分な利潤を獲得できるように設定できるものとする。ただし，こ

図2-2 損益分岐点分析に基づく価格設定方法

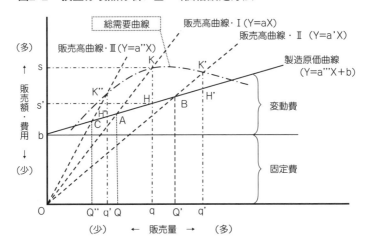

こで注目するのは商品販売量1単位ごとの変化である限界収入や限界費用ではなく、1商品の総販売額と総費用である。

その価格設定方法を説明するために、ここでも売り手を1社と仮定して図2-2を作成した。この中で最も重視すべきは製造原価曲線と販売高曲線である。製造原価曲線は価格設定の対象となる商品を製造するのに必要な固定費と変動費の合計、すなわち生産量（販売量）の違いに対応した総費用の変化を示したものである。また、販売高曲線は当該商品にいくつかの異なる単価（商品1単位当たりの価格）を仮に設定することで、それぞれの単価ごとに販売量の違いに応じた総販売額の変化を示したものであるが、ここでは3つの異なる単価（a, a', a"）を仮設定し、その単価をそれぞれの傾きとする3本の販売高曲線・Ⅰ～Ⅲを描いた。

これらの販売高曲線・Ⅰ～Ⅲと製造原価曲線の交点（A, B, C）は、それぞれの単価に応じた総販売額と総費用とが一致する点、すなわち損益分岐点である。この損益分岐点に着目することによって、販売数量ごとに黒字になりうる適正な価格を設定することができる。例えば販売高曲線・Ⅰと製造原価曲線の交点、すなわち損益分岐点Aに着目するならば、販売量がQの場合、

単価はaもしくはそれ以上のところで設定すべきことがわかる。もちろん，販売量がQを超えるならば，単価はaのままでも利益を上げうることもわかる。損益分岐点BやCの場合も同様である。

さらに，購入量（販売量）と購入額（販売額）の2視点から当該商品の需要曲線を描くと，図の中の「総需要曲線」のようになるが，これと販売高曲線・Ⅰ〜Ⅲとの交点（K，K'，K"）はそれぞれの単価に対応した最大の販売量と販売額を示している。それゆえ，その交点と製造原価曲線との距離（KH，K'H'，K"H"）は，それぞれの単価で得ることのできる最大の利潤である。したがって，利潤を最大化するためには，その距離が最も長くなる単価を設定すればよい。ここで仮設定した3つの単価の中では，それに相当するのはaであるが，理論上は総需要曲線の接線の傾きと製造原価曲線の傾きとが一致する総需要曲線上の点を選定し，その点と原点とを結ぶ直線の傾きを算出すれば，それが利潤を最大化する価格となる。

(2) 実践的価格設定方法

上記の基礎理論的価格設定方法は価格を設定する際，原価や需要が重要であることを理解する上で役立つものの，不完全競争市場を前提としたり，需要曲線を既知のものとするなど，実践的であるとは言い難い[注6]。より実践的な方法となると，以下のようなものが挙げられよう。

①既存市場価格に準ずる価格設定

その第1は，自由競争市場において既に出回っている競合他社の類似商品の価格を基準とし，それに準ずる形で自社商品の価格を設定する方法である。

この代表的な例は街中の自動販売機で販売している飲料の価格設定である。例えば茶飲料であれば，ほとんどの商品（小さ目のペットボトル）は1ボト

(注6) 類似品のない商品やブランド力がきわめて高い商品などのように，他に代替する商品（製品やサービス）がない場合には，不完全競争市場を前提にした価格設定方法を採用することは可能であろう。しかし，その場合であっても当該商品の需要曲線を把握することは容易ではなかろう。

ル当たり120円前後で,しかも同じ自動販売機内では同一価格である。もちろん,新しい茶飲料が出る時)も,大きさや品質の点で既存のものと特別な違いでもない限り,同じ価格にするのが普通である。

　この価格設定は売り手どうしの価格協定によるものではないが,「値ごろ感」に基づいた暗黙の連携によって成り立っている。それゆえ,売り手間の価格競争を避けることができ,業界内の調和を保つのに役立っていると言える。しかし,この方法では安定的な利潤を確保できる可能性は高いものの,他社を圧倒するような利潤を期待することは困難である。

②プライス・リーダーに追随する価格設定
　第2は,売り手側の企業間規模格差が大きいために,生産規模や販売力の面で卓越した売り手(メーカー)が先導する形で価格を設定する方法である。
　和歌山産の梅干しやビールなどのように,同じ種類の商品の値札をスーパー・マーケットなどで比較してみると,メーカーが違っていても価格差がほとんどない商品が少なくない。その理由はメーカー間の規模格差が小さい商品の場合は前述の「既存市場価格に準ずる価格設定」によるものと考えられるが,メーカー間の規模格差が大きい商品では,通常,リーダー企業が価格を設定し,残りの企業がそれに追随して価格を設定するからにほかならない。
　この場合もメーカー間で価格協定が行われているわけではないが,中小メーカーにとってリーダー企業と異なる価格を設定することは企業の存続にかかわるリスクにつながる可能性が高いため,中小メーカーはリーダー企業が設定する価格に追随せざるを得ないのである。

③端数で表示する価格設定
　第3は,「200」や「1,000」のような切りのいい数値ではなく,「198」や「980」のような半端な数値を用いて価格を設定する方法である。
　この設定方法はもともと「安さ」を強調するスーパー・マーケットが得意とするところであった。しかし,現在ではスーパー・マーケットやディスカ

ウント・ストアだけではなく，一般の洋服店や電気店，デパートなど，多くのところで見ることができる。

端数(はすう)であるため釣銭の支払いなど，面倒な点もあるが，消費者に「お得感」を与えるため，スーパー・マーケットなどの売上高の増加につながると言われている。しかし，最近はこの設定方法を採用している店舗が著しく増えたため，この方法による売上高の増加と言うよりも，この方法を止めた場合の売上高の減少リスクのほうが大きいとみられる。

④新商品の二者択一的な価格設定

第4は，類似品のないような画期的な新商品の販売開始時点（製品ライフサイクルの導入期）での価格設定方法である。この場合，「上層吸収価格」または「市場浸透価格」のいずれかを選択するのが得策とされる。

上層吸収価格とは，当該商品の予想購入者のうち高めの価格であっても購入しようという人々を対象に設定する高価格である。これは短期間での投資コストの回収や発売当初からの利潤確保を目的とする。ただし，当該商品が既存商品に対し明らかな優位性を持つのはもちろんのこと，特許などによって高い参入障壁を確保していない限り，高価格の実現と維持はきわめて難しい。

市場浸透価格とは，より多くの需要者が早期に購入できるように，発売当初から低めに設定する価格である。これは価格を極力安くすることで当該商品の普及を推進し，大きな市場シェアを確保することによって，可能な限り長期間にわたって競合他社の参入を困難にするのが目的である。この価格設定は激しい競争が予想される商品で有効性が高いと言えるが，短期間での投資コストの回収は難しく，黒字化も遅れる可能性が高い。

⑤その他の価格設定

実践的な価格設定方法は以上の方法だけに限らない。例えばその1つは「価格破壊型価格設定」である。これは海外での生産物を円高を利用して極めて

安く輸入し，国内での生産原価を下回るような価格を設定する方法である。

　さらには，「区分型価格設定」や，その逆の「均一型価格設定」等もある。区分型価格設定とは同一の商品の価格を何らかの基準で複数通りにする方法である。例えば，バスの乗車賃は大人と子供で異なるし，飛行機のチケット代は繁忙期と閑散期で異なるだけでなく，購入方法や購入時期によっても異なる。これに対し均一型価格設定とは，本来ならば異なるはずと思われる価格を同一にする方法である。その代表例は百円均一商品であるが，これ以外にも日本国内であればどこに出しても52円のハガキや，正月に販売される福袋，等がある。

　なお，農産物や水産物の場合，生産者が卸売業者や小売業者に販売する際，売り手である生産者が価格を設定するのではなく，競りや入札で決めることが少なくない。これは天候等によって生産量（供給量）が変化しやすいことに加え，需要量の変化が供給量の変化とは逆の方向に，しかも時には社会・政治情勢等の変化も重なって極端なまでに振れるなど，把握困難な不確定要因が多すぎるからと考えられる。

参考文献
竹安数博・石井康夫・樋口友紀『現代マーケティング』中央経済社・2014年
フィリップ・コトラー，ゲイリー・アームストロング『コトラーのマーケティング入門　第4版』（株）ピアソン桐原・2011年
奥本勝彦・林田博光『マーケティング概論』中央大学出版部・2008年

第3章

チャネル戦略（Place Strategy）

1．流通とは

　ある餅製造業者（生産者）が，どんなに美味しいお餅をつくったとしても，それが消費者の手元にちゃんと届かなくては，それこそ"画に描いた餅"になってしまう。チャネル戦略（Place Strategy）とは，生産者（企業）が生産した製品を消費者の手元にまで届ける流通の経路（チャネル）をどのように選択し，それをいかに管理するか，という戦略を指す[注1]。したがって，まず，「流通」とは何か，から議論をはじめよう。流通とは，生産と消費との間に生ずる多様な隔たり[注2]を埋めることである。

　それでは，生産と消費の間の隔たりを埋めるとは，どのようなことなのか。われわれは，リンゴを購入するために，わざわざリンゴ産地の青森に行くわけではない。リンゴはわれわれが住んでいる近くのスーパーマーケットで購入することができる。これは，リンゴを生産する場とわれわれが消費する場との間に「空間的隔たり」が存在し，その隔たりが埋められた状態を示している。と同時に，こうした隔たりを埋める流通が，社会的な制度として形成

(**注1**)「チャネル戦略」は，マーケティング戦略のいわゆる「4P」のうちのPlace（販売の場所）の意味であるが，ここでは主に流通・販売経路（チャネル）を意味する。また，本章での「生産者」は，主にチャネルを選択・管理可能な「企業（メーカー）」を念頭においている。したがって，本章の「チャネル」には，「マーケティング・チャネル」としての性格を強く有する。

(**注2**)「多様な隔たり」とは，生産者と消費者が異なる「人的（所有）隔たり」，生産物を生産する場（地点，地理的空間）と消費する場が異なる「空間的隔たり」，生産者側が生産する時間と消費者側が消費する時間が異なる「時間的隔たり」，生産者側で生産する製品の量や規格数，消費者側で必要とする量や規格数が異なる「量と組み合わせの隔たり」，生産者側がもっている情報と消費者側が持っている情報とに差異がある「情報的隔たり」などである。

図3-1　流通機構を構成する流通主体

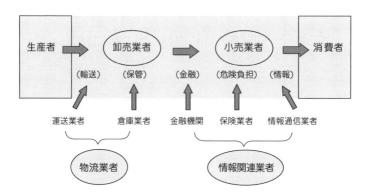

されていること，すなわち「流通機構」が存在していることを意味している。

　一般に，この流通機構は，卸売業者，小売業者，物流業者，そして情報関連業者などの「流通主体」(注3)によって構成されている。**図3-1**は，流通機構を構成する流通主体を示したものである。

　「卸売業者」とは，生産者または他の卸売業者から仕入れた農産物や加工食品などの「商品」(注4)を，他の卸売業者，小売業者などに販売することを専門の業務とする個人や組織をいう。具体的には，商社，卸売市場での卸売業者や仲卸業者などがあげられる。つぎに「小売業者」とは，生産者または卸売業者から商品を仕入れ，それを消費者に販売することを専門の業務とする個人や組織をいう。これには，スーパーマーケット，百貨店，コンビニエンスストアなどがあげられる。そして「物流業者」には，輸送，保管・貯蔵，包装などを専門の業務とする運送業者や倉庫業者があり，さらに「情報関連業者」には，金融機関，保険業者，そして情報通信業者がある。

(注3) 一般に，流通主体には，流通活動を担う生産者と消費者を含むが，ここでは，便宜上両者を除いている。

(注4) ここでの「商品」は，流通主体が隔たりを埋めるために働きかける対象である「物財」である。そして，本章では，物財の流れである「物流」を中心に，取引の流れである「商流」，情報の流れである「情報流」を論じる。

2．チャネルの分類と選択

　流通機構は，商品別，業種別にたくさんのチャネルを持っている。食品には食品のチャネル，食品のなかでもリンゴはリンゴの，チョコレートはチョコレートのそれぞれのチャネルがある。したがって，数えることができないくらいのチャネル数が存在することになる。ただし，チャネルの長さ[注5]からみると，次のような4つの基本的なタイプに分類することができる。

　タイプ①「生産者→消費者」は，生産者と消費者の間に卸売業者や小売業者が介在せず，直接，農家が農産物などを消費者に販売する場合や，和菓子や手作りパンなどの製造業者が消費者に販売する場合，あるいは，生産者が訪問販売や通信販売，電子商取引によって，消費者に直接販売する場合などがこれに該当する。

　タイプ②「生産者→小売業者→消費者」は，大規模の小売業者が商品を生産者から直接仕入れる場合や，生産者が自らの製品を有利に販売するために，卸売業者の役割を担い，小売業者に販売する場合などである。

　タイプ③「生産者→卸売業者→消費者」は，生産者が卸売業者に販売し，それを卸売業者が消費者に販売する場合である。ただし，ここでの消費者は，個人や家族などのいわゆる最終消費者ではなく，レストランなどの業務用需要者，加工・製造会社，あるいは役所，学校などとなる。

　タイプ④「生産者→卸売業者→小売業者→消費者」は，生産者が卸売業者に販売し，そこで仕入れた商品を小分けした上で，卸売業者が小売業者に再販売し，小売業者が消費者に再々販売するタイプである。生鮮食品，加工食品などの多くの商品にみられる一般的なチャネルである。大量生産された加工食品は，通常，1段階ないし2段階の卸売業者を経由して小売業者に商品が届くことが多い。

（注5）チャネルの長さは，卸売業者，小売業者などの介在する段階を意味していることから，チャネルの「段階」ともいわれる。

そして，生産者と消費者の間に，卸売業者や小売業者が介在しない，すなわち，生産者から消費者に直接販売するチャネル（タイプ①）を「直接チャネル」と呼び，卸売業者や小売業者が介在するチャネル（タイプ②～④）を「間接チャネル」と呼ぶ。

さらに，後者の間接チャネルには，介在する卸売業者や小売業者の数，すなわち，チャネルの幅から，次の3つのタイプに分類することができる。

1つは「開放的チャネル」である。これは，製品を取り扱う卸売業者，小売業者を制限しないで，競合製品の取り扱いを認め，なるべく広範囲にわたって供給するチャネルである。生産者にとっては，市場シェアを拡大するのには好都合であるが，チャネルをコントロールするのが難しいというデメリットもある。食料品や日用雑貨品などのいわゆる最寄品によくみられる。

2つは「選択的チャネル」であり，製品を取り扱う卸売業者や小売業者を，販売量や協力度合いなどによって選別し，一定条件を満たす卸売業者や小売業者にのみ重点的に供給するチャネルである。修理や保守などのアフターサービスを必要とする家電製品，衣料品や家具などによくみられるものである。

そして3つは「排他的チャネル」である。これは，卸売業者や小売業者を制限し，販売権を与えた特定の卸売業者や小売業者に供給する代わりに，競合製品の取り扱いを認めないチャネルである。生産者にとっては製品の販売方法・価格などをコントロールすることができる半面，チャネルの維持コストが大きくなるなどのデメリットもある。これには，ブランドイメージを重視する高級化粧品や，ガソリンなどによくみられる。

生産者は，自らの製品を効率的かつ効果的に消費者に届けるために，最適なチャネルを選択しなければならない。それは，製品・季節・地域ごとに選択されなければならないし，製品戦略，価格戦略などの他の戦略との整合性や，長期的観点から選択されなければならない。なぜなら，チャネル戦略は，4つのマーケティング戦略の一つであり，それぞれの戦略の要素がうまく組み合わさることによって，はじめて効力を発揮するものである。したがって，選択するチャネルが，製品の特性にあったチャネルなのか，価格に見合った

チャネルなのか，あるいは販売促進に適応したチャネルなのか，他の戦略との整合性が必要となる。

またチャネル戦略は，チャネルを選択し，構築するまでには時間がかかるものである。それに加えて，一度構築するとなかなか変更することが難しい。チャネルの選択には慎重を期さなければならないし，長期的観点からチャネルを選択する必要がある。それによって，生産者が優れたチャネルを選択し，それをしっかり管理すれば，市場シェアを大きく高めることもできる。選択したチャネルをどのように管理するかも，チャネルの選択とともに重要となるのである。

3．チャネルの管理

それでは，つぎに，こうして選択されたチャネルを，どのように管理していくのかについて考えてみよう。チャネルの管理には，大きく2つの方法が考えられる。1つは，生産者や卸売業者，そして小売業者など，いわゆる流通主体である個人や組織が結び付くことによってチャネルを管理する方法，もう1つは，商品（財）などの流れの組み方によってチャネルを管理する方法である。

(1) 流通系列化と製販同盟

個人や組織が結びつくことによってチャネルを管理する方法に「流通系列化」[注6]がある。流通系列化とは，主に生産者（企業）[注7]が，卸売業者や小売業者などを組織化して，互いの結びつきを強めながら，チャネルを管

(**注6**)「流通系列化」は，生産者，卸売業者，小売業者が垂直的に統合されることから，「垂直的マーケティング・システム」（VMS, Vertical Marketing Systems）といわれる。また，流通系列化は，生産者がチャネルの主導権を握る（チャネル・キャプテンとなる）場合だけでなく，大手スーパーマーケットなどの小売業者によって，生産者や卸売業者が系列化され，小売業者がチャネル・キャプテンになる場合もある。

(**注7**) ここでの「生産者（企業）」は，主にチャネルを管理することができる食品加工の「企業」（寡占的なメーカー）を念頭においている。

理しようとするものである。

　企業が，自らの製品のみを取り扱う卸売業者，小売業者などと手を結ぶもので，系列化にある卸売業者や小売業者は，この企業以外の商品を取り扱うことなどを制限される。流通系列化といえども，そこでの企業と，卸売業者や小売業者の関係は，資本的にも独立した存在である。特定された企業以外の商品も販売したいと考えるのが卸売業者や小売業者であるから，彼らを引きつけるために，いろいろなかたちで制度や報酬が用意される[注8]。

　こうして企業は，卸売業者や小売業者を系列化すれば，彼らが継続して協力してくれることになり，価格や販売の管理も可能となる。企業にとっては，流通チャネルを強力に管理することができるため，多くの企業が流通系列化を採用してきた。

　しかし，近年，大手スーパーマーケットやディスカウントストアなどの小売業者が躍進し，彼らがバイングパワー[注9]を発揮して，価格主導権を握るようになると，商品の品揃えや価格設定が制限される流通系列化は，次第に合わない方法となってきた。

　そのため，現在，流通系列化のあり方を見直すことや，あるいは流通系列化とは異なる結びつき方として，「製販同盟」[注10]などに取り組む企業が増えてきている。製販同盟とは，生産者と小売業者が業務提携を結んで，商品

（注8）ここで用意される「制度」としては，主に建値制度，特約店制度，リベート制度があげられる。「建値制度」は，卸売・小売の各段階において価格設定基準を決めることであり，それによって，価格競争を抑制して，卸売業者や小売業者などが安定的な利益を確保することを可能とするものである。「特約店制度」は，地域や地区に優先的販売権を卸売業者や小売業者に与えるものであり，地域内での競争を抑制するものである。「リベート制度」は，「割り戻し」あるいは「歩戻し」などとも呼ばれ，建値制度に基づく通常の決済が行われたのち，企業が卸売業者などに支払われるものである。これは，実勢価格と建値との差を埋める役割をもつ。
　　また，具体的な「報酬」としては，人員の派遣，店舗設計の指導，品揃えの販売指導，販売促進活動などである。
（注9）「バイングパワー」とは，大量仕入れ・大量販売を行っている大手スーパーマーケットなどの大型小売業者が，取引関係において，その販売力を背景に優越的な購買力を持つことを指す。
（注10）「製販同盟」は，「戦略的提携」や「製販統合」，あるいは「製配販連携」ともいわれるが，いずれも生産と販売の同期化，調整に向けた流通主体間の戦略的関係づくりである。

の販売情報を共有することや，新製品を共同開発するなどの戦略的な提携である。消費者に最も近い小売業者がその情報を生産者側に伝え，生産者がそれに対応した製品を提供することで，相互にメリットを享受することを目指す。いわゆる，生産側と販売側の双方の得意分野を結び付けることによって，新たに効果を引き出すコラボレーション（共同意思決定の調整機構）である。

(2) ロジスティクスとサプライチェーン・マネジメント

スーパーの牛乳コーナーで消費者は，消費期限や賞味期限の日付の新しい牛乳を選んで購入する。そして，消費・賞味期限の間近な食品は，値段を下げて売られるのが常である。生鮮食品（青果・鮮魚・精肉）や牛乳，乳製品，畜産加工品などの冷蔵を要する日配食品は，消費期限はもちろん，賞味期限の短い製品である。

こうした食品の生産者にとって，規模の経済[注11]を発揮する大量生産に取り組む場合，少し売れ行きが悪くなると，とたんに店頭に古い商品が並んでしまったり，生産や流通過程において在庫が膨らんでしまう可能性がある[注12]。すなわち，食品には，大量生産をしても，それを一括販売することに限界がある製品が少なくないのである。したがって，食品流通の場合，物の流れ方を管理する戦略的な物流システムの構築，すなわち，ロジスティクス（Logistics）がとても大切となるのである。

ロジスティクスとは，われわれ消費者（顧客）の要求を満たすために，産地から消費地までに至るまでの物の流れや情報を，効率的・発展的に計画，実施，コントロールする一連の過程をいう。言い換えれば，原材料の確保から生産・販売に至るまでの物財と，その情報の流れにかかわる全活動をマネ

[注11]「規模の経済」とは，ある製品の生産規模を拡大することによって製品の平均費用が減少する結果，利益率が高まる傾向をいう。
[注12] 在庫が膨らむのは，なにも生産者の工場や倉庫だけでない。卸売業者や小売業者の手元にある流通在庫においても発生する。したがって，生産・流通過程において在庫を減らすこと，すなわち，在庫回転率を上げることは，食品にかかわらず物流上の重要な課題である。

ジメント（管理）することである。

　そのロジスティクスの有効な手法として，サプライチェーン・マネジメント（SCM, Supply Chain Management）がある。これは，原材料の調達から最終的な販売に至るまでの「供給の鎖」（サプライチェーン）を，情報技術を駆使しながら総合的に管理することによって，生産・販売の全過程の最適を目指す経営手法や情報システムのことをいう。

　SCMの導入メリットは，原材料の仕入れから製品の流通まで一元管理しているため，納品時間の短縮や在庫の削減，さらには無在庫経営も可能となり，生産・販売過程を最適化することを可能とすることにある。また，近年，食品の品質・安全性を保証するための過程管理やトレーサビリティーの確立といったことからもこのSCMは注目されてきている。

　ただ，SCMを導入するためには，情報収集やデータ処理技術，販売管理，在庫管理，通信などの専門的技術の整備が不可欠となり，生産者である企業内部の各部門，さらには企業外との連絡・調整のシステムを整備しなければならない。また，SCMの導入には，膨大な費用と時間がかかることも留意しておかなければならない。

参考文献
茂野隆一・小林弘明・廣政幸生・木立真直・川越義則『新版　食品流通』実教出版・2014年
田村正紀『流通原理』千倉書房・2001年
田島義博・原田英生編著『ゼミナール流通入門』日本経済新聞社・1997年

第4章

プロモーション戦略（Promotion Strategy）

1．プロモーション戦略の目的とプロモーション・ミックス

　プロモーション（Promotion：販売促進）戦略とはマーケティング（Marketing）活動の一つであり，企業が自社製品に関する情報を，顧客に伝えるコミュニケーション活動の一つである。その手法には広告活動，人的販売活動，パブリシティなどをあげることができる。
　プロモーション戦略の手法は多種多様であるが，販売促進活動の効果をより効果的に発揮させるためには，単独ではなく，これらの手法を有機的に組み合わせたプロモーション・ミックス（Promotion Mix）が望まれる。そして，プロモーション・ミックスは，市場における自社商品のポジショニング，消費者の購買行動，製品のライフサイクル（Product Life Cycle）の位置などを考慮することが大切である。広告費と販売促進費の関係は，加工食品業界をはじめとして，一般に広告費支出の多い業種ほど販売促進費を多く支出する傾向にあり，消費者の間接的な購買行動を目的としたインターネット通販，携帯電話による口コミ，CMカットビデオ録画器などの媒体機器の普及とともに，消費者の直接的な購買行動を喚起し，短期的・即効的に売上げを伸ばすことを目的としたプロモーション・ミックスが展開されるのである。

2．プロモーション戦略の手法

　企業は今まで蓄積してきた技術または技術革新によって新製品を開発するのであるが，その成果を消費者に認知させるためには新製品に関するさまざ

図4-1　マーケティング・ミックス図とプロモーション・ミックス

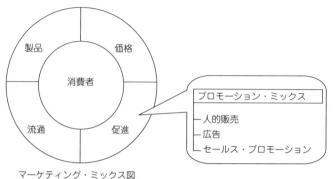

マーケティング・ミックス図

資料：井原久光『ケースで学ぶマーケティング』ミネルヴァ書房・2001年・p.83，石井淳蔵・廣田章光編『1からのマーケティング第3版』碩学舎・2009年・p.125を参考に筆者が作成。

まな情報を消費者に伝達し，これを大衆市場に向けて発信し，需要の創造を自ら行わなければならない。なぜならば，周到なマーケティング・リサーチによって開発された新製品であったとしても，消費者が認める価値以上にコストがかかった場合，たとえそれが優れた製品であったとしても消費者は受け入れないことがある。そうした場合，企業は適切なプロモーション戦略を講じて，消費者が新製品の価値を認知するまで継続的な努力が必要になる。また，新製品は時として卸売業者，小売業者などの流通業者からは際物的商品として敬遠され，従来の流通チャネルでは取り扱われない場合もあり，企業自らがその製品にふさわしい新たな流通チャネルを構築しなければならない。

このように新製品を発売する場合には，消費者と企業との間に生じる，製品価値に対するギャップと，その価値を認知するまでの時間のギャップが存在し，このギャップを埋めるために図4-1に示しているようにマーケティング・ミックス（4P戦略）の一つであるプロモーション手法が必要となるのである。以下では，いくつかのプロモーション戦略の手法を紹介する。

第4章 プロモーション戦略 (Promotion Strategy)

(1) 人的販売 (Personal Selling)

　新製品は企業の4P戦略にもとづく適正な価格を設定し，市場に導入し，消費者がそれを購入できる状態にするだけでは不十分であり，企業は自社製品の特性や自社に関する情報を積極的に発信する必要がある。特に，製品のライフサイクルにおける市場導入期では，新製品の試用を促進するための人的販売活動や広告の展開などがとくに有効な手法とされている。人的販売としては一般的に対面販売をあげることができる。対面販売とは，小売店の販売員が顧客に対して，商品説明と同時に接客をしながら販売する方法である。また，対面販売には，メーカーの営業マンなどが小売店の店頭において，自社商品やサービスの効用を顧客に直接説明するマネキン（販売店支援活動）と呼ばれる販売方法もある。

　その他の人的販売には，メーカーの営業マンが卸売業者や小売業者の仕入担当者などに，また卸売業者が仕入れ担当者に行う販売目的の売り込みも人的販売に含まれる。営業マンは単にモノを販売する販売員とは異なる重要な役割を担っており，営業マンはさまざまな販売支援活動を通じて，自社製品に対する評価や提案などを顧客や取引相手の流通業者から直接知ることができ，顧客とのパイプを担うという重要な役割を担っていることが理解できよう。このように人的販売は人を介して行うコミュニケーションであり，人的コミュニケーションの基本的な活動といえる。人的販売とは対照的に，人を介せずにマスコミなどの媒体を利用して行われるコミュニケーションは非人的コミュニケーションと呼ばれ，その代表的な手法としては広告をあげることができる。

(2) 広告 (Advertising)

　わが国においてテレビ広告が本格的に展開されるようになったのは，1953（昭和28）年の2月にNHK東京放送局が開局し，8月に民間テレビ放送局第1号の日本テレビが開局してからである。テレビ受信の契約数は，1954年に

は5万台を超え，55年には10万台，58年には100万台，60年には500万台，62年には1,000万台を超え，テレビは急速に全国の各家庭へと普及していった(注1)。1954年のマスコミ4媒体（新聞・雑誌・テレビ・ラジオ）への広告費支出額は430億円（うちテレビ広告費は4億円）であり，5年後の59年には1,098億円（うちテレビ広告費は238億円）となり1,000億円を超えたのである(注2)。こうしたテレビの普及と広告費支出額の増加が企業のマーケティング活動における広告の役割を一層鮮明にすることになった。

　広告とは，広告の目的を達成するために行う広告主の製品特性やサービスなどについて，広告主がターゲットとする不特定消費者を対象に，有料で非人的な広告媒体（コミュニケーション手法）を利用する情報提供活動であり，広告には一般に次のような5の要件を必要とする。

①広告の送り手の明示…広告主名（企業名），ブランド（Brand）が明確。
②広告の受け手…マスコミ4媒体などの視聴者である消費者，購入者が存在。
③広告の対象…広告主の商品・サービス，考え方，方針など対象。
④広告媒体…広告メッセージはマス・メディアなど「有料」な媒体で，または広告主が管理することが可能な「媒体」を通じて広告の受け手に到達させる。
⑤広告の目的…自社やマーケティングの目標の中で広告により達成できる部分をいう。売上の増加，社会的貢献など。

　上記の5つの要件から，広告とは「明示された広告主が，目的を持って，想定したターゲットに対して情報を伝えるために，人間以外の媒体に料金を支払って利用して行う情報提供活動」と定義づけることができる(注3)。

　また，広告の機能には，新製品の発売時に，新製品発売日や旧製品に対する新製品の特性に関する情報などを消費者に伝達する情報提供機能と，テレビCMのように繰り返し放送することによって得られる累積効果による消費

(注1) 広告用語辞典プロジェクトチーム編『広告用語辞典』電通・1985年より集計。
(注2) 電通『電通広告年鑑'09-'10』電通・2009年。
(注3) 嶋村和恵監修『新しい広告』電通・2006年。

第4章　プロモーション戦略（Promotion Strategy）　41

者のブランド・ロイヤリティ（Brand loyalty：ブランドへの忠実性）を一層高める説得的機能があることも忘れてはならない。広告にはこうしたマスコミ4媒体を活用した広告のほかに，非マスコミ媒体を活用した広告もある。非マスコミ媒体を活用した広告には，さまざまな交通機関の車両や交通関連施設に付帯するスペースなどを利用した「交通広告」，新聞や雑誌などに別紙の広告として挟み込まれて配布される「折込み広告」，郵便・宅配便・電子メールなどで特定の相手にメッセージ伝える「ダイレクトメール」，広告収入をもとに読者に無料で定期的に配布される「フリーペーパー」，屋外に掲出または設置される「屋外広告」，インターネットのウェブサイトやメールを活用した「インターネット広告」などがあげられる。

　近年の特徴としては，インターネット広告費が急速に伸びており，2004年にはラジオ広告費を追い抜き，またマスコミ4媒体に対する広告費支出が減少する一方で，プロモーション活動が商品販売を後押ししている。

(3) パブリシティ（Publicity）

　食品市場では，既存製品からの新しさ（高級品の発売，容器・容量の多様化），市場浸透度における新しさ（地域的製品の発売），時間的な新しさ（ロングセラー製品の販売復活），ライフスタイルに対応した製品の新しさ（ブーム製品・健康志向製品の発売）など多様な新製品が発売され，近年，企業はバラエティに富んだ新製品を市場に投入している。

　こうした食品市場に対する企業行動は，消費者に対する継続的な商品認知度を目的とした広告や，企業名のブランド・ロイヤリティを高めることを目的にした広告などの展開が求められるようになった。しかし，経営環境が厳しい今日，企業が利用していた広告媒体としてはマスコミ4媒体を主要な手段として利用していたが，企業は広告予算の縮小に伴い自社製品の認知度が低下しないように，自社の新製品発売や企業の社会的貢献・責任に対する取り組みをアピールし，自社に対して報道機関などから好意的な態度が得られるような企業行動がとられるようになってきた。こうした販売促進活動をパ

ブリシティという。パブリシティは，テレビのニュースや特集番組，新製品を料理番組などで取り上げてもらう無料の非人的なコミュニケーション活動であり，以前，ある有名タレントが司会を務める昼の番組で，その司会者が健康と食品の関係について「この食べ物は健康によい」と紹介したコーナーがきっかけとなり，紹介された商品がつぎつぎにヒット商品になったケースもあった。ただし，パブリシティは，企業側にメッセージ内容の決定権がないため，企業が伝えたい内容のメッセージがそのまま視聴者に伝わるとは限らないというデメリットがある。

(4) その他のセールス・プロモーション手法

① 口コミ

プロモーション手法には口から口へ伝えられていくコミュニケーションとして，口コミの効果（Word of mouth influence）がある。話題性のある新商品や高額な商品の場合，口コミの効果は大きいといわれている[注4]。今日のように携帯電話が一般化するまでの女子高校生の口コミは，学校という場所を媒体に情報伝達が行われていたのでその効果は遅かったが，最近では携帯電話を媒体として口コミが行われるため，非常に早く口コミの効果が発揮されるようになった[注5]。しかし，口コミの効果は自社製品に対して，プラスになる情報のみが伝わるとは限らず，マイナスの情報も伝わることがあり，企業にとっては痛手を負うこともあるので注意をすることも必要である。

② サンプル，試食・試飲，おまけ，POP

消費者は広告などを通じて商品に対して興味を持ち，そして購買動機が喚起されて小売店などに出かけるが，店内には同種の商品が多く陳列されていることから，自社商品に対する顧客の購買動機が薄れてしまうことがある。そこで，メーカーなどは顧客に自社商品に対する購買動機づけを行うインス

(注4) 和田充夫・恩蔵直人・三浦俊彦『第3版マーケティング戦略』有斐閣・1996年。
(注5) 沼上幹『わかりやすいマーケティング戦略』有斐閣・2000年。

トア・プロモーション（店頭・店内での販売促進活動）がとられることもある(注6)。その手法はいろいろあるが，ここではいくつか紹介する。（ⅰ）商品に対する顧客の購買動機を喚起するサンプル（見本）を配布する手法，（ⅱ）商品に対する顧客の反応をダイレクトに把握することができ，同時に顧客の購買意欲を喚起することが可能な試食・試飲を勧める手法，（ⅲ）商品やサービスに対する顧客の満足感を高め，リピーター（継続購入者）を誘引することを目的におまけ（景品）を商品に付ける方法，（ⅳ）主に，紙を広告媒体として使用し，商品名，価格，説明文，イラストなどを手書きし顧客の購買意識を促進するPOP（Point of Purchase）広告。POPは店頭・店内で展開する広告物であることから，同時に店内全体の雰囲気を演出する効果がある。

③ダイレクトメール

　ダイレクトメール（DM）は自社が扱う商品やサービスの販売促進を目的として行われる販売促進活動であり，特定の購入見込み客に向けて郵送する広告であり，広告の形態は印刷物が主流となっている。また，ダイレクトハンド（DH）は郵便を使用せず購入見込み客に直接手渡しする広告であり，限られた商圏で小売業やサービス業が即効性のある販売促進効果を狙って行うものである。

④ソーシャル・ネットワーキング・サービス（SNS）

　SNSは人と人との関係を促進・サポートするWEBサイトであり，サイトに掲載広告や自分が利用した商品の評価などを表示できる機能を付加し，インターネット広告により収益を得る会員制サービスである。代表的なSNSとしてはmixiやMySpaceなどがあげられる。

（注6） 国際実務マーケティング協会編『マーケティング・ビジネス実務検定第3版』税務経理協会・2009年。

3. AIDMAモデル

(1) 広告のコミュニケーション反応プロセス―AIDMAモデル―

　マーケティングにおけるコミュニケーション活動の目的は，自社製品，自社の企業イメージに係わる情報を消費者に向けて発信することであり，こうしたコミュニケーション活動によって，自社に対する消費者の認知度や理解度を高めることにある。コミュニケーションの方法には，企業が発信する情報の集合体（広告内容）である「メッセージ」と，メッセージを送り手から受け手に伝えるパイプ（テレビ，ラジオ，新聞，雑誌など）の「媒体」を欠かすことが出来ない。

　企業が発信する広告メッセージに対して，受け手である消費者の購買行動が起きるまでのプロセスについて，階層的に捉えるモデルのことを広告効果階層モデルという。このモデルは，19世紀末にルイスという人物がセールスの経験則に基づいてつくったものであり，AIDA（Attention・Interest・Desire・Action）の原則と呼ばれている[注7]。その後，いくつかの階層モデルが提唱され，AIDMA（Attention・Interest・Desire・Action・Memory・Action）モデルもその中の一つである。

　AIDMAモデルは，図4-2が示すように消費者が広告に接触することにより，商品に対する消費者の「注意（注目を引く）」，「興味（関心を高める）」，「欲求換気（欲求発生）」，「記憶（認知向上）」，「行動（購買行動）」の順で生じるという消費者の購買心理過程を簡易にモデル化しているに過ぎないが，簡易なモデルが故に広告立案計画の際に用いられている。

　例えばテレビCMの場合，消費者はテレビから流れるBGM（メロディー）に耳を傾け「注目」し，BGMの内容やタレント，画面の商品特徴に「興味」を抱き，CMは商品に対し「欲求換気」をもたらし，視聴者は商品名や企業

（注7）嶋村和恵監修『前掲書』電通・2006年。

図4-2　AIDMAモデル

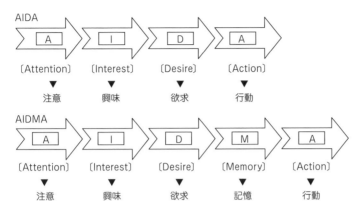

資料：嶋村和恵監修『新しい広告』電通・2006年・p.186の図「広告効果階層モデル」を筆者が引用・加工した。

名などを「記憶」し，最寄りの小売店などに足を運ぶ「行動」へ繋がるモデルが想定できよう。

こうした広告のコミュニケーション反応プロセスついて，チャールズ・ヤンは「一般的にいって，まずメッセージへの過程からはじまる。次いで知名が起こり，訴求対象者の興味を呼び，メッセージを精読することを高める。さらにメッセージの理解が高まるに従って商品に対する態度及び選好に変化が生じ，最終的に商品の購買や試用といった行動が起こされる」と指摘している(注8)。

(2) 広告コミュニケーションとテレビ広告

コミュニケーション過程におけるテレビ広告は，消費者の視覚，聴覚を通じて，製品のデザイン，奇抜なネーミング，ヒットソングに繋がるようなコ

(注8) チャールズ・ヤン『広告―現代の理論と手法―』同文館・1973年。

マーシャルソングのBGM（Background music：背景音楽），タレント起用などにより，製品，企業イメージに対し消費者の興味を呼ぶ効果がある。しかし，テレビ広告のうちで，1回15秒程度のスポット広告では，製品特性の理解を高め，また，購買，試用といった消費者の直接的な購買行動までの効果は期待できず，それを繰り返し行うことによって，広告の累積効果を期待しているのである。この累積効果は，製品や企業イメージに対するブランド・ロイヤリティを一層高めることとなるのである。

また，テレビ広告の新しい形態としてはインフォマーシャルをあげられる。インフォマーシャルとは，情報（Information）とコマーシャル（Commercial）とを結びつけた造語であり，通常のテレビ広告が一回15秒や30秒であるのに対して，30分～1時間丸ごとという情報量の多いテレビ広告である。インフォマーシャルは商品情報を詳しく知りたいという消費者からの要望により登場した形態であり，ケーブルテレビや衛星多チャンネル放送のなかで展開される場合が多い。

4．プッシュ戦略とプル戦略

(1) プッシュ戦略（Push Strategy）

プロモーション手法には2つの対照的な戦略として「プッシュ戦略」と「プル戦略」がある。プッシュ戦略とは売り手であるメーカーの営業マンが一次卸売業者や二次卸売業者，小売業者などの流通業者に対して，自社製品の良さをアピールし，取引関係の締結を目的に店舗改装時などの販売応援を行うことにより，自社製品を消費者側にプッシュしていくプロモーション手法である（図4-3）。つまり，プッシュ戦略は商品の流れを川の流れにたとえる川上（メーカー）から川中（流通業）へ，そして川中から川下（小売業者，消費者）へと，自社製品を取り扱ってもらうように働きかけていくコミュニケーション活動である。

図4-3 プル戦略とプッシュ戦略

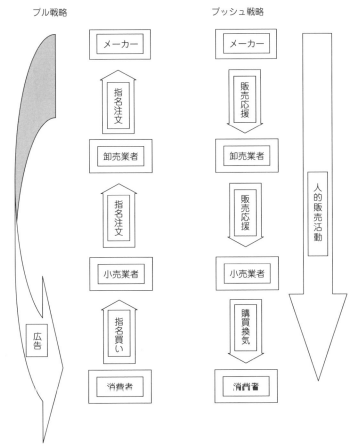

資料：井原久光『ケースで学ぶマーケティング』ミネルヴァ書房・2001年・p.245の図「プッシュ戦略とプル戦略」を筆者が引用・加工した。

(2) プル戦略（Pull Strategy）

　プル戦略とはプッシュ戦略とは対立する手法であり，売り手である大手メーカーなどが広告やパブリシティ，ダイレクトメール，テレビCMなどのプロモーション活動を展開することによって，消費者の自社製品に対するブランド認知度を高め，消費者が小売店を通じて自社製品を指名買いするように

仕向けるプロモーション手法である（**図4-3**）。これは消費者がブランド選考（指名）した商品を，小売業者は卸売業者に対して指名注文し，卸売業者はメーカーに対して指名注文することになる。プル戦略は新製品のブランド認知度を短期間に高め，一定の売上高を確保するのに有効なプロモーション手法であり，特にテレビCMが重要な役割を担うことになる。つまり，プル戦略は，メーカーがテレビCMなどを通じて，川下に位置する消費者の購買意識を喚起し，消費者の自社商品に対する購買意識を小売業者，そして卸売業者を通じて，川上に誘導することを目的としたコミュニケーション活動である。しかし，テレビCMには多額の広告費支出が必要であることから，大手メーカーに限られたプロモーション手法といえよう。

参考文献
江田三善男他『基礎シリーズ　マーケティング入門』実教出版・1999年
沼上幹『わかりやすいマーケティング戦略』有斐閣アルマ・2000年
井原久光『ケースで学ぶマーケティング』ミネルヴァ書房・2001年
野口智雄『ビジュアル　マーケティングの先端知識』日経文庫・2002年
恩蔵直人『マーケティング』日経文庫・2004年
嶋村和恵監修『新しい広告』電通・2006年
和田充夫・恩蔵直人・三浦俊彦『マーケティング戦略〈第3版〉』有斐閣アルマ・
　　2006年
石井淳蔵・廣田章光編著『1からのマーケティング〈第3版〉』中央経済社・2001
　　年
広告用語辞典プロジェクトチーム編『広告用語辞典』電通・1985年
国際実務マーケティング協会編『マーケティング・ビジネス実務検定〈第3版〉』
　　税務経理協会・2009年
チャールズ・ヤン『広告―現代の理論と手法―』同文館・1973年
小川好輔『マーケティング入門』日本経済新聞社・2009年

第Ⅱ部
実践編

第5章

JAひまわりの生鮮青果物マーケティング

1. JAひまわりの概要

　生鮮青果物は一般に貯蔵のきかないものが多く，天候や病害虫の発生などの自然条件によって計画通りに供給量や品質を調節することが難しい。たとえどのようなものが売れるのかが分かっていたとしても，自然条件によって予期しないものが出来てしまう。そのため青果物のマーケティングには，売れるものを作るというマーケティングの基本的な視点に加え，作ったものをいかに有利に売るかという視点も大切となる。

　さらに個々の生産者の生産規模は総じて小さく，消費者とともにその数も多数である。何を，いつ，どのくらい作るかは，それぞれの生産者によって思い思いに栽培されている状態にある。そして生産物は，一般に生産者の共同組織であるJA（農業協同組合）によっていったん集められたのち，卸売市場の卸売業者に再び集められる。一方，消費者のニーズは多数の小売業者を通して卸売市場の仲卸業者に再び集められる。

　したがって，青果物は卸売市場を要(かなめ)とする流通システムに依存する度合いが強く，供給量の多くはJAによるマーケティング活動によって担われることになる[注1]。この場合，生産者はマーケティング活動をJAのスタッフに任せるが，原則として生産者が共同でマーケティング活動を行うこととして

（注1） 青果物の卸売市場経由率（2012年）は59％であるが（農林水産省），これには冷凍野菜や果汁に代表される加工品も含まれているので，生鮮青果物でみた卸売市場経由率はそれよりも高くなる。

おり，一般にこの形態を「共同マーケティング」とよぶ。また，青果物のマーケティングには，個々の生産者自らがマーケティング活動を行う「個別マーケティング」の形態がある。この場合，生産者は，自らが作った青果物を消費者に直接販売する農産物直売所（以下では「直売所」）などに出荷する。

本章は，こうした共同マーケティングと個別マーケティングの2つの形態，すなわち，「卸売市場出荷」と「直売所出荷」の2つの流通チャネルの組み合わせによって，青果物マーケティングを先駆的に展開してきた愛知県のJAひまわりの事例をみることにしよう。

JAひまわりは，1990年に愛知県豊川市と宝飯郡にあった5つのJAが合併して誕生した1市4町にまたがる広域合併JAである。JAの合併に際して，組合員や地域住民などを対象にJA名を募り，名称を「ひまわり」とした。これは当時としては，極めて斬新なことであった。なぜなら通常，JAの名称は地域名を用いるが，ひまわりという名称には地域の名前がどこにもなかったからである。この名称は，ひまわりの花の持つ「親しみ，拡がり，明るさ」といったイメージと，JAのイメージコンセプト（基本的な考え方）とが合致していた。組合員を含めて地域住民から親しまれる，地域に開かれたJAを目指してスタートしたのである。

現在（2014年度末），組合員数は3万3,133名，うち正組合員8,043名である。合併当時の組合員が1万1,065名であったから，組合員数はほぼ2倍に増加したことになる。合併後にJAひまわりがいかに地域に根ざした取り組みを展開してきたかがこの数字からもうかがえよう。

JAひまわり管内は，温暖な気象条件のほかに，高速道路を使えば，首都，関西，中京圏の大消費地にいずれも4時間以内に出荷できるなどの市場立地条件にも恵まれていたこともあって，早くから野菜，果物，花きなどの園芸生産，特にガラス室やビニールハウスによる施設園芸の盛んな地域であった。

現在，JAひまわりの野菜，果物，畜産などの農産物の総販売額（2014年度）は120億円であり(注2)，うち園芸部門（野菜，果物，花き）が90億円，総販売額の8割近くを占めている（**図5-1**参照）。

図5-1 JAひまわりの作目別販売額（2014年度）

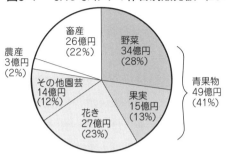

資料：JAひまわり総代会資料。

　園芸部門のなかでも，トマト，ミニトマト，大葉，アールスメロン，いちじくなどの青果物は49億円，生産者（組合員農家）によって生産されている。その農家のほとんどは男性の農業労働力を有した主業農家（専業農家）であり，高い栽培技術をもった園芸経営が展開されている。彼らによって生産された青果物は，荷受け，荷分け，検査，貯蔵等のJAの集出荷施設に集められたのち，その約98％が卸売市場に向けて共同出荷されている[注3]。

　他方，JAひまわりでは，こうした卸売市場に出荷する専業農家でなく，農家の女性や兼業農家が，野菜などを作って，自らが袋詰めや価格をつけて持ち込む直売所を運営している。直売所の購入者のほとんどは，周辺の地域住民であり，収穫したばかりの野菜などが売られており，年間の販売額は20億円あまりである。

2．卸売市場出荷

　JAひまわりでは，野菜だけでも50品目が生産される多品目産地である。そのなかでも生産者数，販売高ともに最も多いトマトに注目して，その卸売

(注2) JAは組合員（生産者）を中心に考えるので，組合員が農産物を生産して「売る」ということから，「売上額」といわず「販売額」という。
(注3) この数字は，総販売額に占める卸売市場販売額の割合であり，直売所のそれは含んでいない。

市場出荷の取り組みをみてみよう。

　2014年度のトマト生産農家は114戸であり，JA全体の栽培延べ面積は47ha，年間出荷量は3,480トンである。したがって，トマト生産農家の一戸当たりの平均栽培面積は41 a，出荷量は31トン，一生産者という単位でみた場合，その規模は決して大きなものではない。このため，JAは多数の小規模なトマト生産者を集め，卸売市場に対して計画的かつ大量に供給することで，有利販売を実現しなければならない。一般に，JA内には，トマト，イチゴなどの品目別に生産者によって構成される部会組織（以下「部会」という）が設けられている。通常，部会では，生産・出荷計画，栽培品種の統一や栽培技術の勉強会，レクリエーションなどの共同活動が行われている。

　トマトの品種は登録されているものだけでも140品種余りもあるうえに，毎年新しい品種が加わるほどである。JAひまわりのトマト部会では，多くの品種のなかから，栽培品種を選び出し，年間の生産・出荷計画を立てている。

　しかし，トマト部会において品種の統一を図り，栽培基準を決めたとしても，皆が全く同じ大きさの色づきのトマトが作れるわけではない。場合によっては，想定していないような大きなトマトが出来てしまったり，あるいは色づきの悪いトマトになってしまうこともある。

　そこで，トマトを含めた青果物では，等級と階級からなる規格によって，品質を選別する方法が採用される。トマトの場合は，その色や形などから等級区分が，A・B・C・Dの4つに区分され，大小区分では大きいほうから3L・2L・L・M・S・2Sの6つに区分される。したがって，等級と大小区分の規格は，全部で24に分類される。

　個々の生産者は，この規格にそってトマトの選別作業を行うが，JAひまわりの場合は，生産者が収穫したトマトをコンテナに入れて，集出荷施設に持ち込めば，あとはすべて機械が選別・箱詰め，さらに出荷先である卸売市場別にトマトを仕分けるまでを，完全自動で行う高度な選果機が導入されている。

ただ，高度な選果機を導入し，規格を厳密にしたとしても，その規格だけでは表現しきれない情報がある。それをJAひまわりでは，3つのブランドに込めている。その1つは「レギュラートマト」で，これは通常の大玉トマトを指し，出荷量の多くを占める主力トマトである。2つは「ロッソ・パーフェクトトマト」で，糖度が8.0度以上の甘みとコクのあるフルーツのようなトマトである。そして3つは「匠トマト」で，ロッソ・パーフェクトトマトほどの糖度はないが，糖度6.5度以上の中間糖度で，かつ形質が優れており，中間糖度のいわゆる一番おいしいトマトというのがコンセプトである。

現在，3つのブランドを揃えたJAひまわりのトマトは，首都圏を中心とした卸売市場の卸売業者10数社に出荷されている。取引相手である卸売業者は，JAがトマト生産を始めた当時（1965年頃）から取引のある卸売業者が少なくなく，両者間には長期継続的な取引関係が形成されている。また，特に匠トマトの場合，卸売業者だけでなく，仲卸業者，さらには高級品を扱うスーパーマーケットなどの小売業者とも取引関係を築いている。

しかし，長年の長期取引関係をもった卸売業者などに対して，規格を厳密にし，ブランドを設けていても，JA側はトマトの価格を主体的に決められず，その価格は常に変動し，不安定となる[注4]。価格は卸売市場によっても異なるし，また同じ市場であっても取引日によって異なる。このためJAでは，他企業にはない，「共同計算」，「無条件委託販売」などの独自の方式を導入している[注5]。

まず，「共同計算方式」とは，同じ規格（品質）でも，卸売市場別や日別によって価格差が発生するために，ある一定の時期内に出荷された同じ規格のものは，その期間内の平均価格で精算するものである。たとえば，M生産者の等級A・大きさLのトマトが1ケース2,000円であり，K生産者がそれと

(**注4**) 青果物の価格が変動し，不安定になりやすいのは，自然条件に左右されるなど供給量の調節が難しく，卸売市場での需要と供給の関係にアンバランスが生じやすいからである。
(**注5**) そのほかの方式としては「系統全利用」がある。これは生産者が販売する農産物全量をJAを通じて販売することであり，JAが大量の農産物を結集し，計画的な販売を通して卸売市場における有利販売を実現しようとするものである。

同じ規格のトマトを翌日出荷したら1,000円だったとする。この場合，M生産者とK生産者を合算して平均価格1,500円を算出し，両者はともに1,500円を受け取る。高値もない代わりに，極端な安値になることもなく，価格変動の大きな青果物においては，生産者は安定した価格を確保することができる方式である。

　次に，「無条件委託方式」とは，生産者が販売価格，時期，販売先などの条件をつけず，販売をJAに委託するものである。これによって，JAは青果物を大量に集め，計画的に出荷することで有利な価格を実現し，生産者への手取り価格（販売価格から輸送費や包装資材，JAの手数料[注6]等を差し引いたもの）を少しでも多くすることをねらいとしている。では，JAひまわりのトマトの卸売市場での評価はどのようなものだろうか。図5-2は，JAひまわりのトマトの平均卸売価格と全国卸売市場のそれとを比較して示したものである。JAひまわりのトマト価格は，卸売市場のそれよりも高値を維持しており，優れた栽培技術に裏打ちされた高品質トマトとして評価されていることがわかる。

　しかし，JAひまわりのトマト出荷量は，数量的には全国のトマト出荷量のわずか0.5％程度を占めているに過ぎない。したがって，高い生産技術に裏打ちされた高品質トマトを効果的にアピールする必要があるため，トマト部会（生産者）とJAのスタッフは，自ら取引先の卸売市場に出向いたり，あるいは卸売業者を産地に招くなど，人的接触を通じて情報を伝達し，購買意欲を促す活動を行うのである。また広く卸売業者，仲卸業者に認知してもらうために，トマトの出荷用段ボールには，JAひまわりの名称とキャラクター「まりくん」，匠トマトの場合はデザインを工夫した文言が記入され，スーパーなどの店頭販売におけるPOP広告や，レシピを紹介するなどのきめ細かな取り組みも行われているのである。

（注6） JAの「手数料」とは，JAが販売でかかった人件費，通信費，旅費などの費用を指す。通常，手数料率は，年度初めに決められる。

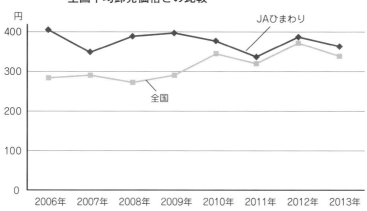

図5-2　JAひまわりのトマトの卸売価格（円／kg）の推移
　　　　－全国平均卸売価格との比較－

資料：JAひまわりの資料，農林水産省「青果物卸売市場調査報告」より作成。

3．直売所出荷

　JAひまわりの直売所は，合併前にJAが取り組んでいた女性部活動の一つとして1986年から始められた。いまでこそ直売所はどこでも見かけることができるが，その当時はまだとても珍しい存在であった。直売所のはじまりは，農家の女性たちが，家庭菜園で作っていた野菜を，直売所に持ち込み，すべて100円均一で販売し，小遣い程度の所得を稼ぐものであった[注7]。たとえその額は少なくても，農家の女性にとっては，新たな所得確保としての重要な意味を持っていたのである。また，卸売市場に出荷するような規格の統一された野菜とは違って，形のよくない野菜でも，収穫したばかりの新鮮さと値段の手頃さから，徐々に地域住民の支持を得ていった。

　その後，JAひまわりが合併発足してからは，この活動が管内全域に広がり，現在では，7カ所の直売所を運営し，農家の女性を中心とした1,400人あま

[注7] 現在でも，年間販売額が50万円未満の生産者は，全体の半分近くを占めている。

りの会員が直売所出荷するまでの規模となった。直売所には，彼女らが畑で収穫した野菜等を袋詰めして，直接持ち込むわけだから，卸売市場を介さない生産者から消費者への直接（直結）流通である。したがって，卸売業者などの中間業者が存在しないので，流通マージンの削減が可能となるわけである[注8]。

　また，生産者は卸売市場出荷のような規格の統一はなく，自らが価格を設定することができる自由度の高いものであり，直売所の手数料15％をJAに支払えば，あとは生産者手取り価格となる。生産者別にバーコードが設けられ，商品には生産者名，地区名が付けられる。売れ残りが出た場合，生産者は持ち帰らなければならず，携帯電話等で直売所の売れ行き情報をメールで受信しながら，自らの製品づくりや価格設定に工夫を凝らしているのである。

　直売所には野菜や果物，花きのほかに，漬け物，果物ジュースなどの農産加工品も陳列されている。現在では，生産者自らが価格を決定することになっているが，当初は，野菜，果物のすべての価格を100円均一として，一般のスーパーマーケットと比べて「安さ」と収穫したばかりの「新鮮さ」を訴求した。また，直売所自体が当時はまだ珍しい存在であったため，新聞や雑誌の記事として，ラジオのローカル番組などにもしばしば取り上げられた。

　その後，女性を中心としたユニークな活動として注目され，1997年には朝日農業賞を受賞するなど，JAひまわりの直売所の活動は，地域だけでなく，全国的にも知られるようになった。現在では，さらに顧客を増やそうと，春の感謝祭，秋の大収穫祭といったイベントの開催やJAの広報誌にも広告を掲載するなど，販売促進にも積極的に取り組んでいる。

4．JAひまわりの青果物マーケティングの特徴

　対象とする市場ニーズに適合するために，最適なマーケティング手段を組

[注8] 流通マージンとは，卸売業者等が流通のなかで得た利益，具体的には卸売手数料等である。

み合わせていくことを「マーケティング・ミックス」と呼んでいる。**表5-1**は，JAひまわりの卸売市場出荷と直売所出荷の２つのチャネル戦略の取り組みを，マーケティング・ミックスの枠組みから整理して示したものである。

まず「①マーケティングの目標」はどのようなものであるのか，それを確認してみよう。卸売市場出荷は，専業農家である生産者の手取り価格を少しでも増やすことをねらいとしており，そのためにJAは高度な選果機を整備し，生産者は部会活動を通して高品質で，形質の優れたトマトを少しでも多く生産することに力を入れる，すなわち，よりコストをかけて手取り価格の一段の上昇を目指している。それに対して，直売所出荷は，農家女性や兼業農家の新たな所得確保であって，それは生産者自らが直売所に直接持ち込むこと，すなわち，直接流通による流通マージンの削減によって実現するものであるといえる[注9]。

では「②顧客と提供する便益」，だれを対象としてどのような便益を提供することに主眼をおいているのだろうか。卸売市場出荷の顧客は，卸売市場の特定化された卸売業者や仲卸業者，そして一部の小売業者を対象としてい

表5-1　チャネル戦略別にみた青果物のマーケティング

チャネル戦略	卸売市場出荷	直売所出荷
①マーケティングの目標	・専業農家の手取価格の維持・向上 ・コストをかけて手取価格の上昇を図る	・農家女性や兼業農家の新たな所得（手取価格）の確保 ・流通マージンの削減を通した手取価格の確保
②対象とする顧客と提供する便益	・特定少数の卸売業者，仲卸売業，小売業者 ・規格とブランドを基準とした高品質，品姿の優れた製品の提供	・不特定多数の地域住民（消費者） ・従来の基準に照らした場合の規格外品で鮮度，熟度の提供
③製品戦略	・売れ筋の製品づくり ・品質の差異を用いた規格とブランドづくり（製品差別化）	・卸売市場売れ筋以外のもの ・個々の生産者による多様な製品づくり
④価格戦略	・価格は卸売市場での需給状況に大きく規定され，主体的な価格のデッサンが困難	・100円均一の買手にアピールする低価格でスタート ・各生産者による価格設定によるバリエーションな価格
⑤プロモーション戦略	・卸売業者，仲卸売業者を対象とした人的接触を通したプロモーション活動	・地域住民（消費者）に対するＰＲ活動

る。こうした顧客に対して，規格とブランドを基準とした高品質，品姿の優れた製品を提供することにある。これに対して，直売所出荷の顧客は，地域住民である不特定多数の消費者であり，卸売市場出荷の基準では規格外品であるが，収穫したばかりの鮮度，熟度といった便益を提供する製品を提供することにある。

したがって，「③製品戦略」に関しては，卸売市場出荷の場合は，卸売業者等が求める売れ筋の製品づくりを基本とした品質の差異を用いた規格とブランドづくり（製品差別化戦略）が重視される。直売所出荷はこうした卸売市場出荷の売れ筋以外のもの，卸売市場では売りにくい製品でも生産者の多様な製品づくりとして認知されるのである。

また，「④価格戦略」において，卸売市場出荷は，卸売市場での需給状況に大きく規定されており，そのなかでいかに適切な価格水準を見極めるかが求められ，必ずしも主体的に価格をデザインすることができない。それに対して，直売所出荷の場合は，設立当初は100円均一という低価格を基本とした価格戦略が採用されていたが，各生産者自らが価格をデザインすることができ，製品づくりとともにバリエーションは豊富であるといえる。

最後の「⑤プロモーション戦略」に関してみると，卸売市場出荷の場合は特定の卸売業者や仲卸業者に対して行われ，人的接触を通したプロモーション活動が行われる。一方，直売所出荷は，地域住民という不特定多数の消費者を対象として，PR活動，各種の広告案内などのプロモーション活動が行われる。

以上，卸売市場出荷と直売所出荷の2つのチャネル戦略には，対象とする顧客，製品，プロモーション，そして生産者のタイプにおいても相違があるが，両チャネルはお互いに補完し合う関係にある。いかに有利に販売するのかという視点からみれば，卸売市場では売りにくい野菜も直売所では売ることができるから，直売所出荷が卸売市場出荷を支えている。また，卸売市場

（注9）生産者が直売所に持ち込むといっても，たとえば残品をもち帰ればそれはコストであり，流通マージンがゼロになるということではない。

に出荷するにあたっては細かい規格があるからこそ，直売所に出荷する野菜があるわけであり，こうした見方に立てば，卸売市場出荷が直売所出荷を支えている。つまり，両チャネルは相互に支え合う関係にある。

　また，卸売市場出荷，直売所出荷というチャネル戦略ごとに着目すると，それぞれがお互いに他の戦略との整合性がとれていることがわかる。卸売市場出荷は，顧客である特定化した卸売業者等を対象として，一方の直売所出荷は不特定多数の地域住民を対象として，製品戦略，価格戦略，プロモーション戦略が展開されており，それぞれの戦略間に一貫性を見いだすことができる。このことは，マーケティング・ミックス内に整合性をもつことが重要であるということをわれわれに教えてくれる。

　さらに，こうしたマーケット・ミックス内の整合性だけに留まらず，とりまく環境との調和を図ることも大切である。JAひまわりでは，地元学校給食への農産物提供，野球・サッカー・ソフトボールなどのスポーツイベントの開催，各種ボランティア活動など，地域の一員として多様な活動に取り組んできている。こうした活動があったからこそ，直売所の大きな展開に結びついたといえよう。

参考文献

桂瑛一編著『青果物のマーケティング―農協と卸売業のための理論と戦略―』昭和堂・2014年
JA全中『JAファクトブック』全国農業協同組合中央会・各年
JA全中『早わかりJAのすべて』全国農業協同組合中央会・1994年

第6章

茨城中央園芸農業協同組合の
業務用野菜マーケティング

1. 茨城中央園芸農業協同組合の概要と本章の目的

　茨城中央園芸農業協同組合（以下「茨城中央園芸農協」）は，1978年7月15日に茨城県東茨城郡茨城町小幡18-27において園芸専門農協として設立された。その前身は生産者任意組合の茨城人参出荷組合であったが[注1]，農協に転換後，組合員数，取扱高等を大きく伸ばした。ちなみに，2015年2月末現在の総組合員数は102名，管轄地域は茨城町（組合員数49名），水戸市（16名），小美玉市（10名），土浦市（8名），石岡市（6名），かすみがうら市（5名），鉾田市（3名），大洗町（3名），城里町（1名），つくば市（1名）の7市3町で，組合員の総耕作面積は500haにのぼる。

　同農協設立の直接的な契機は，大手の外食企業に食材を納めていた加工食品会社が，前身の茨城人参出荷組合にニンジンやホウレンソウ等の契約取引を要請したことであった。が，それと同時に，当時の岩上茨城県知事が同出荷組合に農協への転換を働きかけたことも，もうひとつの重要な契機であった。

　こうした設立の経緯もあって，茨城中央園芸農協は設立当初から生鮮野菜の契約取引を行っていたが，当時はまだ契約取引を始めたばかりであったことなどから，卸売市場向け出荷が中心であった。しかし，高齢化等による食生活の変化を熟慮した同農協の幹部は，加工や外食・中食といった業務用需要の増加への対応策の強化を決意した。その決意の現れの一つが1981年に開

(注1) 茨城人参出荷組合は生産者が共同でニンジンを卸売市場に出荷するための生産者任意出荷組合で，1975年に設立された。

始した冷凍ホウレンソウの製造・販売であった。これは農林水産省等の支援を受けて農協本所敷地内に設置した冷凍野菜生産施設（野菜加工工場）を利用して，組合員が生産したホウレンソウを農協が自ら冷凍加工し，その製品を業務用需要者（当時は主に学校給食業者）に契約販売するものであった。

1980年代中ごろ以降は，上記の冷凍野菜の生産・販売に加え，生鮮野菜でも新たな契約取引先の開拓等を積極的に推進し，業務用需要者との取引を一段と強化した。関係者によるこのような努力の結果，茨城中央園芸農協は生鮮品と加工品の両方で業務用需要者との契約取引を大幅に伸ばし，現在では業務用需要者との取引が園芸作物総販売額の8割近くに達する（残りの2割は卸売市場出荷）。しかも最近は，高齢化の一層の深化を考慮して，消費者向け加工食品の生産にも力を入れつつある。

かくして，1990年代半ば以降，バブル経済の崩壊とデフレーションの進行によって，農産物販売額が半分以下に減じた農協も現れるほどの厳しい状況の中，茨城中央園芸農協は販売額の減少を2割以内に抑えることができた。実際，ピーク時の1998年度と2008年度の園芸作物総販売額を比較すると，3億7千万円から3億1千万円へ，6千万円，17％ほどの減少にとどまった。なお，2011年3月11日の震災後，放射能問題の影響を受けて販売額は一時期大幅に減少したが，その後回復し，15年度の販売額は4億円を見込んでいる。

販売額の3億円または4億円を大きいとみるか否かは議論が分かれるとしても，高齢化時代を見据えた対応策を立て，販売額の大幅な減少を食い止めるなど，茨城中央園芸農協のマーケティング活動は今後の高齢化時代における農協マーケティング・産地マーケティングの一つのあり方を示すものとして極めて興味深いものがある。本章では，同農協の販売・加工事業を対象に，業務用野菜マーケティングの具体的な内容を生鮮品と加工品（主に冷凍品）の2つに区分した上で，マーケティング論の4P（製品戦略，価格戦略，チャネル戦略，プロモーション戦略）の視点から把握していくことにする。

2．業務用需要向け生鮮野菜のマーケティング

(1) 業務用需要への適応度を高めた製品化

　茨城中央園芸農協では上述のように，加工野菜製造事業とともに生鮮野菜の契約取引事業も活発であるが，その主要取引品目はかつてのニンジン，ホウレンソウから，現在のキャベツ（1989年に契約取引開始）とレタス（87年に契約取引開始）へと変わった。キャベツ販売額は1998年の3,672万円から2008年の6,006万円へ，レタスは2,012万円から3,243万円へと，デフレーションの進行期にもかかわらず，両品目とも1.6倍に増加した。

　キャベツとレタスの契約取引がこれほど大きく伸びた要因として，取引先相手に恵まれたこともあろうが，もちろん，それだけではない。産地・農協側が実行した様々な努力，すなわちマーケティング努力があったからといえる。その努力の具体的な内容を，生鮮キャベツのマーケティングを中心に分析・解明すると，まずは製品戦略（製品政策）の視点から少なくとも以下の3点が注目される。

　1点目は，契約数量を遵守するための諸対策の実行である。

　農産物の場合，契約数量の遵守は工業製品とは異なり，決して容易なことではない。特にキャベツのような露地栽培野菜は，天候次第で年々の収穫量はもとより，日々の収穫量も大幅に変動するため，生産者が契約数量を守るのは想像以上に難しい。しかも，卸売市場価格が収穫量や需要量の増減に応じて大幅に変動するため，生産者の場合，価格高騰時には契約出荷を止めて市場出荷に切り替えたいという誘惑にかられやすく，逆に業務用需要者の場合，価格低落時には契約仕入れから市場仕入れに切り替えたいという誘惑にかられやすい。

　そこで，茨城中央園芸農協は生産・出荷側と仕入側の双方が契約数量を守りやすくするため，組合員である生産者はもちろん，主要契約相手の業務用需要者「R企業」とも協力して，次の対策を実行した。それは，①播種前に

図6-1　茨城中央園芸農協組合員の春系キャベツの生産・出荷事例

生産者(農家)	面積	品種	10月	11月	12月	1月	2月	3月	4月	5月	6月	7月
A	5 a	金系201EX	●	※							≡	≡
	15	迎春	●	※							≡	≡
	10	初恋			●	※				≡	≡	
	10	夏晴			●		※				≡	≡
	10	夏晴			●		※				≡	≡
	10	愛輝				●		※			≡	
	10	夏晴					●		※			≡
	5	夏晴						●	※			
B	10 a	金系201EX	●	※							≡	≡
	10	迎春	●	※							≡	≡
	10	夏晴			●		※				≡	≡
	10	恋路			●		※				≡	≡

生産・出荷時期（●播種，※定植，≡出荷）

出所：茨城中央園芸農業協同組合資料

契約数量を決め，不作時の収量減にも対応できるように多めの作付面積を確保する，②農協の幹部職員が週に１度は圃場を回り，生育状況・収穫予定日を把握する，③収穫・出荷時に生産者が互いに携帯電話で連絡し合い，生産者間の収穫・出荷量を調整する，④契約キャベツは大玉（1.5～2kg/個）が基本であるが，不作時には小玉も容認する，⑤収穫シーズン中は毎月１回，R企業担当者，契約キャベツ生産者，および農協幹部職員が一緒に圃場を巡回し，作柄状況や品質を確認する，である。

２点目は，収穫・出荷期間の長期化・計画化を推進したことである。

茨城中央園芸農協の契約先であるR企業はキャベツを１年中使用するため，契約産地の収穫・出荷期間の長期化を強く要望していた。それに応えるために同農協は収穫・出荷期間の長期化を進めると同時に，安定的に出荷できるように計画化も推進した。

この長期化・計画化の特徴は，マルチやトンネルといった栽培方法を取り入れるだけでなく，各生産者（農家）が圃場を分割し収穫時期が異なる複数の品種を栽培するなどして，**図6-1**にみるように分割圃場ごとに収穫・出荷時期をずらすことで計画的な長期どりを実現したことである。例えば生産者Aの場合，春系キャベツの生産圃場を８区分し，それぞれにおいて品種や播

種・定植時期を変えることによって，出荷期間を4月下旬から7月中旬までの3ヵ月間に伸ばした。しかも，6月上旬のようにAの収穫がない時は他の生産者（図6-1では生産者B）がカバーし，農協出荷の安定化を図った。

最後の3点目は，安全性とともに，業務用としての品質の改善等に努めたことである。

業務向けの場合，食材の安全性や新鮮さ，美味しさはもちろんのこと，傷みが出づらいという意味での品質の良さや，コスト低下につながる歩留まり比率の高さが強く求められる。茨城中央園芸農協はこれらの点にも積極的に対応した。その方法は，①圃場ごとに（財）日本土壌協会の土壌診断を受け，それに基づいて牛ふん籾殻堆肥を投入することで，病虫害を受けにくく，傷みが出づらい良質の大玉キャベツの収穫を進めたこと[注2]，②生産者が使用農薬の種類，濃度，散布回数等を記帳した生産履歴を農協に提出し，それを確認した上で，農協が残留農薬検査を行うようにしたこと，③出荷用コンテナに生産者名等を記入したラベルを貼る方法でトレーサビリティを実現したこと，である。

(2) 農協が契約当事者となる価格設定

上述の製品戦略は一言でまとめれば，業務用需要にいかに適応するかが基本であるといえる。これに対し，価格戦略（価格政策）の場合，R企業等の業務用需要者の意向も重要ではあるものの，農協としてはそれ以上に組合員である生産者の考えを重視しなければならない。そこで，茨城中央園芸農協が生鮮キャベツの契約価格を設定するにあたり採用した主な方法は，以下の2点であった。

その一つは，農協が毎年，キャベツの播種前にR企業等との交渉によって納入価格（対業務用需要者契約価格）を決めると同時に，生産者側とも交渉

（注2）家庭用のキャベツが1個当たり1kg前後であるのに，業務用の契約キャベツではその倍に当たる2kg前後の大玉が求められるが，その主な理由は，①大きい方が外葉や芯といった廃棄部分の比率が低下し，歩留まり率が高くなること，②同じ分量のカット製品を作る場合，大玉の方が手間が少なくすむこと，である。

して買取価格（対生産者契約価格）を決めることである。

　一般に農協が介在する契約取引の場合，農協は契約取引先（業務用需要者や小売業者）と生産者とのマッチングを行い，契約価格の決定を手助けし，物流活動に従事するものの，代金決済を除けば売買業務そのものに直接関与することはない。これに対し，茨城中央園芸農協の場合はマッチングや物流活動だけでなく，生産者からキャベツを仕入れ，それをR企業に販売するという売買活動に全面的に従事し，両者との交渉を通してそれぞれの契約価格を決めている。もちろん，これは農協の利益を増やすことよりも，生産者とR企業との間の緩衝材としての役割をより十全に果たすことが目的である。ちなみに，緩衝材的役割とは，①価格や数量等に関する農協と生産者との間の契約はすべて口頭で行い，生産者の精神的負担を緩和する，②R企業との日々の取引数量の調整は農協が一手に引き受け，各生産者へは割当て分を伝達する，③R企業担当者と生産者との共同巡回圃場視察や，R企業のキャベツのカット加工工場への生産者の視察等を，農協が計画し実行する，④取引の過程で生じる様々な苦情等については農協が対応・対処する，等である。

　もうひとつの方法は，R企業，生産者それぞれとの契約価格の設定において，収穫・出荷シーズン中は固定価格を維持することである。

　茨城中央園芸農協が行っている生鮮キャベツの契約取引の場合，収穫・出荷シーズンは春夏期（4月中旬～7月中旬）と秋冬期（10月下旬～1月下旬）の2シーズンで，両シーズンの契約価格は異なる。と言うのは，春夏期出荷のキャベツの場合，冬期の栽培にトンネル等の資材費が多くかかり，栽培期間も長くなるため，秋冬期出荷キャベツよりも高くする必要があるからである。しかし，それぞれのシーズン中の価格は最初から最後まで同じである。

　シーズン中の価格を固定化するのはR企業側の要望によるところが大きいが，それだけではない。固定価格は生産者にとって収入の予測が可能になることから，固定化を高く評価する生産者が増えているのである。事実，キャベツの契約生産者は開始年の1989年にはわずか5名（契約面積50a）であったが，現在は23名（同20ha）にまで伸びた。

(3) 中間業者が数量調整するチャネル

　茨城中央園芸農協のキャベツ契約取引に関して，これまで同農協とR企業との直接取引のように表現してきたが，実は取引ルート（商流チャネル）を正確にチェックすると，両者の間に取引数量を調整する中間業者「M業者」が介在している。すなわち，実質的には同農協とR企業との取引であり，実際，契約交渉の場や圃場の巡回視察にはR企業担当者が同席してはいるものの，直接的な契約取引相手はM業者になる。これは物流チャネルにおいても同様で，**図6-2**に示したように，茨城中央園芸農協のキャベツの搬送先はM業者の冷蔵倉庫である。

　茨城中央園芸農協がM業者を介在させるチャネルを採用したのは，R企業の要望によるところが大きいが，同農協にとっても少なからぬ利点があったからである。それは主に以下の2点である。

　その一つは，R企業へ日々大きく変動する数量をきわめて短いリードタイムの中で納入しなければならないが，それをM業者が担当してくれることである。

図6-2　生産者から業務用需要者までのキャベツ流通

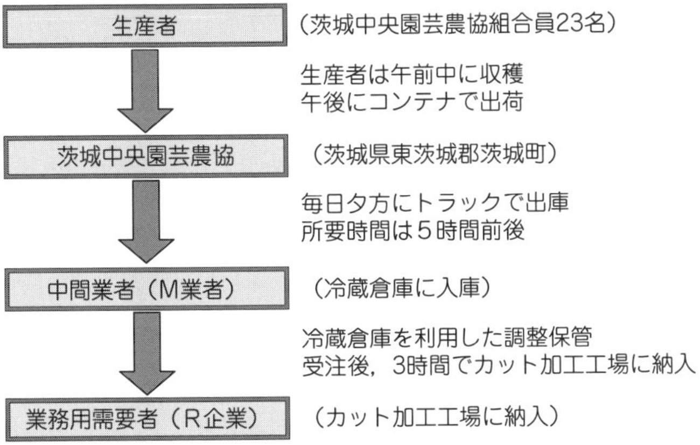

生産者	（茨城中央園芸農協組合員23名） 生産者は午前中に収穫 午後にコンテナで出荷
↓	
茨城中央園芸農協	（茨城県東茨城郡茨城町） 毎日夕方にトラックで出庫 所要時間は5時間前後
↓	
中間業者（M業者）	（冷蔵倉庫に入庫） 冷蔵倉庫を利用した調整保管 受注後，3時間でカット加工工場に納入
↓	
業務用需要者（R企業）	（カット加工工場に納入）

出所：聴取調査（2010年5月，2015年1月）

R企業は全国チェーンを展開する外食業者であるため，年間6,000トンを超えるキャベツを必要とし，東日本エリアと西日本エリアでほぼ半分ずつの各3,000トンを利用している。その東日本エリアの3,000トンのうちの2,000トンを納めているのがM業者である。平均すると毎日およそ6～7トンのキャベツを，朝と夕方の2回に分けて納めていることになるが，実際には各チェーン店での必要量が日々変化し，それゆえR企業本部からのトータルの注文量も変化するため，毎日一定量を納めるわけではない。納入量は日によって2倍から3倍，あるいはそれ以上も変化する。しかも，同本部から注文を受け，指定先のカット加工工場へ納めるまでに，わずか3時間ほどの猶予があるにすぎない。こうした数量調整と短時間納入を消費地から離れた産地が担当することは不可能である。ちなみに，M業者はそうした対応を可能にするために，カット加工工場の近くに冷蔵倉庫を設置し，そこに常に2日分ほどの納入量に相当する在庫を置いて数量調節している。

　もうひとつの点は，国内の複数産地による周年的リレー出荷を，M業者の責任で実現していることである。

　R企業は国産キャベツだけを使用しているが，それを1年中使用するためには複数の産地からの入荷が必要である。実際，関東エリアのチェーン店舗が使用するキャベツは，M業者が調整役となって，茨城中央園芸農協（茨城県）のほか，愛知県と北海道の2産地から，入荷時期を分けて受け入れている。茨城中央園芸農協からの入荷は通常は「4月中旬～7月中旬」と「10月下旬～1月下旬」で，愛知県は「1月下旬～5月上旬」，そして北海道は「7月中旬～10月下旬」である。

　これらの産地の出荷を切れ目なくつなぐのが産地間リレーであるが，これは一見容易そうにみえて，決して容易なことではない。各産地の収穫量が天候次第で変わるというだけでなく，収穫開始時期と終了時期も天候次第で1～2週間程度ずれることは珍しくない。それゆえ，産地ごとの収穫量と天候の関係等を熟知していないと，産地間リレーを形成することはきわめて困難である。

(4) 契約取引推進のためのプロモーション

　以上，業務用生鮮キャベツの製品戦略，価格戦略，チャネル戦略について述べた。4Pの残りのプロモーション戦略（プロモーション政策）については，当然，業務用需要者向けの広告などは行われていない。しかし，茨城中央園芸農協はプロモーション活動として現在でも生鮮野菜の新規契約購入者の開拓に力を入れているし，R企業・M業者または生産者に対しても契約取引をさらに推進するための働きかけを積極的に行っている。例えば，特別栽培農産物の認定を受けるように生産者に奨励したり，出荷用コンテナに生産者の名前を記入することも，R企業とM業者が茨城中央園芸農協管内産のキャベツをより重視することにつながり，結果として契約取引の推進に好影響を及ぼしているし，土壌検査に基づく土づくりや残留農薬検査の実施等も同様な効果を有している。が，そうした働きかけの中で最も重視されるのが，契約キャベツ生産者によるR企業のカット加工工場の視察と，R企業・M業者の幹部社員，茨城中央園芸農協の幹部職員，および契約キャベツ生産者全員の3者が一緒に行う圃場の巡回視察であろう。

　生産者によるカット加工工場の視察は毎年6月に行われる。ちょうど春夏物の出荷シーズンであるが，毎回，ほとんどの生産者が参加する。これによって自分で生産したキャベツがどのように加工されるかを見ることができるだけでなく，工場の担当者からカット加工適性や苦労話等を聞くことができるからである。しかも，毎回参加することによって，加工技術の進歩あるいは加工現場の変化を知ることができるという。そして何よりも重要なことは，工場視察に参加し，社員と交流することによって，生産者が業務用需要者の努力に応えようと責任感を強め，さらに生産者と業務用需要者との間の信頼関係も強化できることである。これによって契約取引に関する生産者の意識が一層高まることになる。

　一方，3者による圃場の巡回視察は収穫・出荷シーズン中，毎月1回の頻度で行われる。この視察の際にはR企業の担当部長，M業者の社長，茨城中

央園芸農協の専務，そして契約キャベツ生産者全員が参加し，時には種苗会社の担当者が加わることもある。全参加者で契約キャベツの生産圃場を巡回し，品質，出荷時期等の生育状況を観察する。視察中あるいは視察後の会合において，各圃場の栽培品種，農薬・化学肥料の使用状況，栽培方法はもちろんのこと，土壌検査結果や牛ふん籾殻堆肥の投入量，あるいはGAPや特別栽培農産物認証等々，様々なことが話し合われ，多くの情報が交換される。この視察を通して「互いに顔が見える」関係が築かれるため，生産者・農協に対するR企業・M業者側の信頼感が高まると同時に，生産者側は高品質キャベツを供給しようという責任感を強めることになる。かくして，この視察も契約取引の強化・推進に好影響を及ぼすことになる。

3．農協産野菜加工品のマーケティング

(1) 製品の多様化と地元産原料使用の原則

本章の冒頭で述べたように，茨城中央園芸農協が農林水産省等の支援を受けて加工野菜の製造を始めたのは1981年であった。当初は冷凍ホウレンソウだけであり，年間生産量もわずか5トン程度にすぎなかった。しかし，現在では加工野菜生産量は1年間に600トン（うち冷凍ホウレンソウが130トン）を超え，販売額も3億円近くに達している。加工野菜がこれほど伸びたのは，前節の業務用生鮮野菜と同様，関係者，特に農協担当者のマーケティング努力によるものにほかならない。そのマーケティング内容を分析すると，まずは製品戦略の視点から重視すべき活動として以下の2点が指摘できる。

第1は，産地加工であるにもかかわらず，製品種類の多様化を進めたことである。

図6-3に業務需要者向けの冷凍野菜10品目と，業務用と家庭用の販売が可能な冷凍調味野菜2品目を掲げたが[注3]，現在製造しているのはこれらの12種類だけではない。チルド状態にした千切りダイコン，千切りゴボウ等も製造しているし，冷凍ホウレンソウなどは通常冷凍と脱水冷凍，さらに5cmカ

第6章　茨城中央園芸農業協同組合の業務用野菜マーケティング　73

図6-3　茨城中央園芸農協の主要冷凍野菜の製造状況

品目	1月	2月	3月	4月	5月	6月	7月	8月	9月	10月	11月	12月
冷凍コマツナ	■	■	■	■	■	■	■	■	■	■	■	■
冷凍ホウレンソウ	■	■	■	■	■				■	■	■	■
冷凍ささがきゴボウ	■	■	■	■			■	■	■	■	■	■
冷凍レンコン	■	■	■	■	■	■	■	■	■	■	■	■
冷凍ホールトマト							■	■	■			
冷凍チンゲンサイ	■	■	■	■	■	■	■	■	■	■	■	■
冷凍ミズナ	■	■	■	■	■					■	■	■
冷凍ネギ	■	■	■	■	■	■	■	■	■	■	■	■
冷凍ニラ				■	■	■	■	■	■	■		
冷凍ナノハナ	■	■	■									■
冷凍調味コマツナ	■	■	■	■	■	■	■	■	■	■	■	■
冷凍調味ホウレンソウ	■	■	■	■	■				■	■	■	■

出所：茨城中央園芸農業協同組合資料

ットと3cmカットがあり，冷凍レンコンなどもスライス，輪切り，イチョウ切り等々がある。これらをすべて数えると，現在の製品数は少なくとも50種類以上にのぼる。しかも，同図からも理解できるように，そうした多種類の製品の多くが毎年長期間にわたって生産されている。

　茨城中央園芸農協が生産する加工品の種類が多様であれば多様であるほど，仕入側である業務用需要者等にとっては選択幅が拡大し，品揃えが容易になるなど，利便性が高いことはいうまでもない。また，その生産期間が長くなればなるほど，業務用需要者にとっては仕入可能な期間が延び，それゆえ保管期間を短くし，保管量を少なくすることで，コストの削減につなげることができる。

　第2は，加工野菜の原料として地元産野菜の使用を原則としていることである。

（注3）冷凍調理コマツナと冷凍調理ホウレンソウの製造開始は2003年で，現在の年間生産量は前者が70トン弱，後者が約20トンである。ちなみに，両製品とも自然解凍で，そのまま食べることができる。

学校給食の場合，「地産地消」を重視するところが少なくないため，茨城県外の学校給食用加工野菜の原料は茨城中央園芸農協管内産以外の野菜になることが多いが，そうした場合以外では通常，加工用原料として組合員が生産する地元産野菜を使用している。その理由は組合員の収入の増加もあるが，それと同時に収穫直後の新鮮な野菜を加工することによって製品の高品質化が図れることである。

このため，組合員も加工特性の高い野菜の生産にきわめて積極的である[注4]。また，残留農薬問題等を引き起こさないようにと，加工原料用野菜を専門に栽培する圃場を確保している組合員も多い。

上記2点以外にも製品戦略にかかわる活動は少なくない。例えば，製品に対する残留農薬検査や微生物（一般生菌，大腸菌群等）検査，栄養分析検査等の実施はもちろんのこと，加工工場そのものも2007年に（財）茨城県食品衛生協会よりHACCPの認証を受けた，等々である。

(2) 取引先相手に応じた柔軟な価格設定

価格設定に関しても茨城中央園芸農協の対応は多様である。学校給食用については後述する中間業者にあたるN社が原料野菜を手配することが多いが，そのような場合には茨城中央園芸農協としては，加工製品や加工用原料に関する契約価格の交渉を行う必要がない。同農協が行うのはN社との間で加工手数料という価格（加工作業だけの価格）を決めるだけである。しかし，学校給食用以外は茨城中央園芸農協が各取引先との交渉を通して加工製品や加工用原料の価格を設定することになる。その場合の基本は業務用生鮮野菜の場合と同様，食品問屋・業務用需要者，生産者（組合員）のそれぞれと別々に交渉することであるが，加工品価格（製品価格）と生鮮品価格（原料価格）という違いもあるため，両者間の価格の連動性は業務用生鮮野菜の取引の際

(注4) 加工用野菜は家庭用とは異なる特有の規格等が求められることが多い。例えばホウレンソウの場合，家庭用の草丈は25cmが普通であるが，加工用は40cmで肉厚のものが良いとされる。

ほどには高くない。

　食品問屋・業務用需要者との加工製品の契約価格の設定は，原則として取引先ごとに年間を通して一定である。これは食品問屋・業務用需要者側からの要望によるところが大きいが，茨城中央園芸農協としても取引の安定化に有効と判断している。

　ただし，すべての食品問屋・業務用需要者に対し同一価格ではなく，取引先が指定する条件に応じて価格を変えている。その基本的な点の一つは，加工方法の違いである。例えば同じ冷凍ホウレンソウでも，取引先によって用途が異なるため脱水の程度を変える必要があるが，そうなると加工コストが異なるのはもちろんのこと，製品重量も違ってくるため，それに応じた価格設定が必要になるからである。もうひとつは配送距離の違いである。当然のことではあるが，「工場内受渡価格＋配送費」を基本に，取引先が指定する配送場所までの運賃差に応じた価格設定となる。

　一方，生産者（組合員）から買い取る原料野菜の価格設定方法は，品目によって異なる。例えばコマツナの買取価格は年間を通して一定であるのに対し，ホウレンソウの買取価格は収穫時期に応じて変えている。

　ホウレンソウの価格を変えるのは収穫時期によって栽培方法が異なるため，栽培コストが違ってくるからである。露地栽培が可能な「10月～12月中旬」・「4月下旬～5月下旬」収穫物の価格を基準とすると，トンネル栽培となる「3月」収穫物の価格はおおよそ1.4倍，ハウス栽培の「12月下旬～2月下旬」収穫物は1.8倍である。

　ただし，生産者からの買取価格もいったん決めた後は，豊凶等で市場価格が大幅に変動しても原則として変えることはない。仮に変えるとなると，製品価格も変える必要が出てくるが，その変更を業務用需要者が受け入れることはあり得ないからである。ちなみに，市場価格が高騰した時に不満を口にする生産者は少なくないものの，台風等の不可抗力により生産量が著しく減少する場合を除けば，ほとんどの生産者は市場価格の高騰時でも契約どおりに農協に出荷する。その主な理由は，組合員である生産者のほとんどが「価

格の安定が経営の安定につながる」という明確な意識を有しているからである。

(3) 主要チャネルは中間業者経由

　茨城中央園芸農協の加工野菜の流通チャネルに目を転じると，その販売先範囲は現在，関東圏を中心に愛知県や三重県にまで広がり，取引先数は全部で20社ほどにのぼる。そのチャネルを大まかに整理して示したのが図6-4である。

　同図から明らかなように，茨城中央園芸農協の主な販売先は前述のN社とそれ以外の食品問屋で，いずれも中間業者である。その中間業者の中でもN社は同農協にとって最も重要な取引先の一つで，同農協に学校給食用冷凍野菜の製造を委託するとともに，委託品以外の冷凍野菜も仕入れ，委託品等を複数の県の学校給食向けに供給すると同時に，委託品以外の冷凍品を他の食品問屋や外食・中食業者等へ販売している。ちなみに，N社は多数の販売先の多様な需要に対応するため，茨城中央園芸農協以外の冷凍加工メーカー等（輸入商社を含む）からも仕入れ，各販売先へは多品目の仕入品をまとめて供給するのが普通である。

　もうひとつの主要な販売先が食品問屋であるが，これは1社ではなく，大手から中小規模まで合わせると10社を超える。しかも，その中には加工メーカーを兼ねる食品問屋もある。その場合，茨城中央園芸農協の冷凍野菜は，そこでの再加工用の原料として利用されることもある。これらの食品問屋も当然，仕入先は多様で，複数のメーカーや輸入商社からの仕入れだけでなく，問屋間の系列取引や仲間取引も少なくない[注5]。また，販売先も外食・中食業者からホテル・旅館，社員食堂，小売店までと，かなり多様である。

　茨城中央園芸農協は図にも示したように，これらの中間業者以外に外食・

（注5）食品問屋間の取引の場合，大手問屋が一次卸，中小規模問屋は二次卸となるかたちのものが中心で，これは取引先が固定している系列取引である。この系列取引以外に，手持ち荷の過不足を補うことなどを目的に，同程度規模の問屋どうしで随時取り引きすることも少なくないが，これは仲間取引といわれることが多い。

図6-4 野菜加工品の流通チャネル〜農協加工場から業務用需用者まで〜

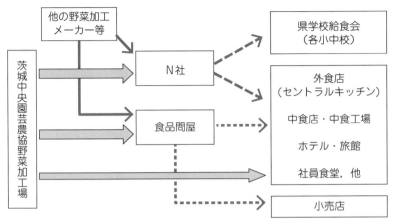

出所：聴取調査（2010年5月，2012年8月）
注：「他の野菜加工メーカー等」は冷凍野菜の輸入商社も含む。

中食業者等の業務用需要者への直接販売も行っている。ただし，その場合の取引品目は鮮度保持期間が短い千切りゴボウ等のチルド品にほぼ限られている[注6]。家庭（消費者）向けの冷凍調味野菜も中間業者経由で小売店等へ販売されるのがほとんどである。ちなみに，現在，販売先別販売額比率は中間業者向けが8割前後，外食・中食業者等の業務用需要者への直接販売が約2割である。

このように，茨城中央園芸農協では加工野菜販売において中間業者向けを主としているが，それには明確な理由がある。その理由のうちの主なものを2点ほど挙げると，以下のとおりである。

第1の理由は，茨城中央園芸農協にとって販売先を開拓するためのコストと時間が縮小できることである。

同農協が常に独自に販売先の開拓には努力していることは，ここで改めて言うまでもない。しかし，取引先の中間業者と同じように，数十あるいは優

（注6） チルド品の主な販売先は大手レストラン・チェーンのセントラルキッチン，中食品製造工場，およびホテルである。

に百を超える業務用需要者や小売店を販売先として単独で開拓するとなると，専門のスタッフを雇うなど，年々の人件費や旅費といったコストが膨大にならざるを得ない。しかも，レストラン等の仕入担当者を1度や2度だけ訪問すれば，新規の取引先の開拓が実現できるというものではない。取引を始めるためには相手の信頼を得るための時間が必要である。なお，特に同じ種類の冷凍品を既に他のメーカーや食品問屋から仕入れている業務用需要者の場合，何度訪問しようとも，価格の大幅な引き下げや特別な縁故でもない限り，新たな取引先として開拓することは不可能に近いであろう。

　もうひとつの理由は，品揃えや数量調節（需給調整）等の機能の多くを中間業者にまかせられることである。

　先の3の（1）の加工野菜の製品戦略に関連して指摘したように，茨城中央園芸農協も50種類を超えるほどの多種類の加工野菜を揃えているが，最終需要者である業務用需要者等が増えれば増えるほどますます多様な種類の加工品が必要になる。冷凍食品専門のある食品問屋によれば，1年間に取り扱う商品種類は100や200どころではなく，日々取り扱うアイテム数でさえ，それを大きく上回るとのことであった。1加工メーカーである茨城中央園芸農協が，それほどの品揃えを実現するのは生産効率の点からまず無理であろう。

　さらに，例えばN社の場合，欠品の防止や受注量の変動等に対応するために，常時，約半年分の在庫を確保しているとのことである[注7]。中間業者のこうした保管能力があればこそ，茨城中央園芸農協は原料用野菜が豊作の時にも，その全量を製品化できるし，また製品在庫を確保することもなく，製造直後に中間業者の倉庫に配送することができるのである。もしも，同農協が中間業者を排除して，業務用需要者からすべての注文を直接に受け，その変動に合わせて数量を調節するとなると，常に地元産の加工原料用野菜をすべて製品化できるとは限らないし，需給調整用に大量の製品在庫も抱えなければならないであろう。

（注7）冷凍食品の場合，－18℃の冷凍庫で保管するならば，その賞味期限は製造後1年半とのことである。食品問屋はその3分の1を在庫期間の一つの目安にしているとみられる。

(4) 人のつながりを重視したプロモーション

　茨城中央園芸農協の加工野菜の場合，上述のように，そのほとんどが中間業者への販売で，用途も業務用であることから，マスコミを活用した宣伝といった派手なプロモーションを展開しているわけではない。しかし，販路の拡大を目的に，「人のつながり」に基づくプロモーションを地道に実行している。その主な方法として，以下の2点が指摘できよう。

　その一つは，中間業者だけでなく，その先の業務用需要者も含めて，仕入担当者や調理担当者等を現地に招待し，生産工程の視察等を通して信頼関係を構築することである。

　茨城中央園芸農協の加工事業では県外農産物を原料として使用することもあるが，基本的には農協組合員の農産物を使用している。したがって，被招待者は加工場の視察だけではなく，その原料を生産している圃場と，その生産のための堆肥製造施設（堆肥センター）も見ることができる。しかも，この視察と農協関係者の説明等を通して，多くの被招待者は図6-5に示した冷凍野菜生産の循環システムを具体的に把握し，同農協の加工事業への取組姿勢を深く理解することができる。ちなみに，こうした理解は人々のネットワークを通して「くちコミ」としても伝わることになる。

図6-5　茨城中央園芸農協の冷凍野菜生産循環システム

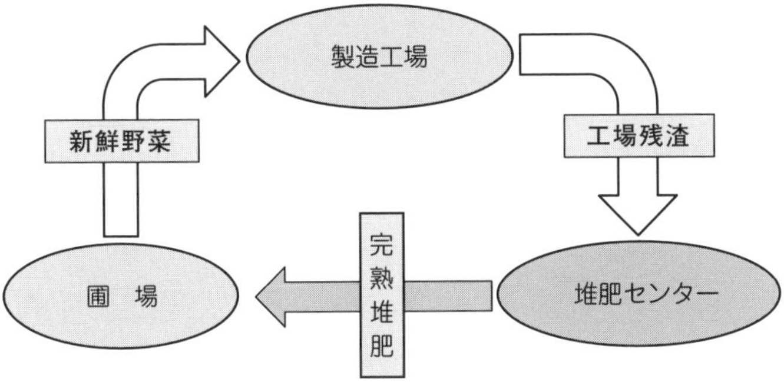

出所：茨城中央園芸農業協同組合資料

もうひとつの方法は，加工品の安全性の確保や製品種類の拡大・変更等において，業務用需要者等の要望を積極的に取り入れることである。

　茨城中央園芸農協は，当然のことながら，安全性の確保には特に留意している。例えば，以前，ゴボウと稲が隣接した農地で稲の農薬がゴボウにかかることがあったが，その時はゴボウを全量廃棄し，ジャガイモの農薬がコマツナにかかった時も全量廃棄にしたほどである。が，そうしたことだけではなく，取引先の要望・要請に応じて安全性を確保するための様々な検査を実施している。残留農薬検査や微生物（一般生菌，大腸菌群等）検査はもちろんのこと，栄養分析検査，水質検査も毎年行い，従業員の検便は年3回実行している。その上，生産者から生産履歴の提出を受け，使用農薬の種類，濃度，散布回数を確認するとともに，その公表も行っている。

　また，安全性以外でも，茨城中央園芸農協は食品問屋や業務用需要者等の要望に極力対応するように努めている。例えば，冷凍脱水ホウレンソウの規格はかつては5cmカットだけだったのに対し，現在は3cmカットの規格も設けているが，それは業務用需要者から子供の食べやすい規格の要望があり，それに応えた結果にほかならない。

　このような「人のつながり」に基づくプロモーションは即効性はないものの，着実に茨城中央園芸農協の加工事業の評価を高めていると判断できる。

4．茨城中央園芸農業協同組合マーケティングの特徴

　以上，業務用生鮮野菜と野菜加工品に関する茨城中央園芸農協のマーケティングを，4Pの視点から具体的にみてきた。最後にそれらを整理し，同農協マーケティングの特徴点をまとめることにしたい。

　まずは業務用需要者に対する生鮮野菜のマーケティングであるが，その主な手法は次の4点に整理できる。①製品戦略においては，契約数量の確保と供給期間の長期化を推進したこと，②価格戦略では，農協が自らの責任で業務用需要者だけでなく，生産者（組合員）とも価格契約を行ったこと，③チ

第6章　茨城中央園芸農業協同組合の業務用野菜マーケティング　81

ャネル戦略では，産地間リレー等を考慮して中間業者を活用したこと，そして④プロモーション戦略においては，業務用需要者と生産者の交流を深め，信頼関係の強化を図ったこと，である。

　野菜加工品の場合は生鮮野菜と重複する点も少なくないが，これも次の4点に整理できる。①製品戦略の点では，原料として地元産野菜を利用して高品質化を図る一方，製品種類の多様化も推進したこと，②価格戦略では，取引先相手の条件の違いに応じた価格設定をすると同時に，その価格の固定化を図ったこと，③チャネル戦略においては，販売先の拡大や取引数量の調整等の観点から中間業者を活用したこと，④プロモーション戦略では，「人のつながり」を強化することによって，食品問屋や業務用需要者の信頼を高めたこと，である。

　上記の手法のそれぞれは他の農協にも共通するものが少なくないであろう。しかし，それらを1農協のマーケティングとして総合化することは意外に難しく，これまで総合化したところは極めて少ないと言えよう。その総合化を周到に実現していることこそが，茨城中央園芸農協のマーケティングの最大の特徴にほかならない。

参考文献
グロービス・マネジメント・インスティチュート『新版・MBAマーケティング』ダイヤモンド社・2005年
藤島廣二・小林茂典『業務・加工用野菜』農山漁村文化協会・2008年
藤島廣二他『新版・食料・農産物流通論』筑波書房・2012年

第7章

農業生産法人
(有) トップリバーのマーケティング

1．(有) トップリバーの概要

　農業生産法人 (有) トップリバー (以下「トップリバー」) は，2000年5月1日に長野県北佐久郡御代田町に設立された。設立者は現代表取締役社長の嶋崎秀樹氏である。

　嶋崎氏は大学卒業後，有名な菓子メーカーに入社し，営業を担当していたが，結婚を機に同メーカーを退社し，義父が経営する野菜の産地仲買会社 (佐久青果出荷組合) に入社した。その後，同社を義父から買収して社長に就任し，2000年に同社を土台に野菜の生産部門を取り込んだ新会社トップリバーを立ち上げた。したがって，同氏は同社設立以前にも野菜の販売業務を行ってはいたものの，農業生産そのものには携わったことはなく，野菜についても生産はまったくの素人であった。

　そうした嶋崎氏が野菜生産に取り組む新会社であるトップリバーを立ち上げたのは，自給率の低下に象徴されているように農業が衰退傾向にある現状を見て，日本の農業を変える必要性を痛感し，自ら「儲かる農業」を実践しようと決意したからにほかならない[注1]。それゆえ，トップリバーの設立に当たって，同氏は従来の農業とは「正反対」の5つの基本方針を掲げた。それは「①卸売市場出荷ではなく契約生産がメイン」「②農地はすべてレンタル」

(注1) 嶋崎秀樹氏がトップリバーを立ち上げた契機に関する詳細は，氏の著書『儲かる農業』または『農業維新』(いずれも竹書房刊行) を参照されたい。なお，トップリバーの概要や同社の理念等については同社のホームページ (http://www.topriver.jp) を参照されたい。

図7-1 (有)トップリバーの組織図

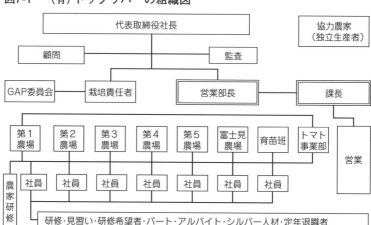

出所：嶋崎秀樹『儲かる農業』竹書房・2009年・p.50の図③（一部を修正）

「③生産部門の他に営業部門を持つ」「④ど素人を集めた農業生産法人」「⑤社員の独立を支援」であった。

　同時に、トップリバーの組織を農業外の一般企業と同様、営業部門を重視する構成とした。**図7-1**がその組織図で、確かに生産部門の所帯が大きいものの、営業部門は生産部門の下に位置するのではなく、少なくとも生産部門と同等のところに位置するものとし、部長と課長も配置した。これは「儲かる農業」を実践するためには販売を他人任せにしておくわけにはいかないという嶋崎氏の信念に基づくものであった。

　かくして設立後、トップリバーの売上高は3品目（レタス、キャベツ、ハクサイ）を中心に初年度（2000年）は4千万円弱であったが、その後急速に増加し、わずか8年後の2008年には10億円を超えた。その後、売上高の伸びは以前よりも緩やかになったものの、2015年には13億円近くに達した。従業員数も増え、現在は正社員だけで約50名、研修生やアルバイト等も加えると夏から秋にかけての繁忙期には全体で100名を超えている。また、独立した社員等からなる協力農家(注2)も今や10戸以上となり、それらの農家や地元

農協と契約している作付面積と自社の作付面積の合計は約200ha，年間販売量は10kg換算で約100万ケースにのぼる。

以下では，「従来の農業」から脱皮した農業生産法人であるトップリバーを対象に，そのマーケティングの特徴を4P（製品戦略，価格戦略，チャネル戦略，プロモーション戦略）の視点から解明していくことにする。

2．契約取引チャネルと販売増プロモーション

営業を重視し，契約取引を基軸に会社を運営しようとなると，もちろん製品戦略や価格戦略も重要であるが，それ以上にチャネル戦略やプロモーション戦略が重視されよう。それゆえ，まずはチャネル戦略とプロモーション戦略の視点から，トップリバーの具体的な活動内容をみていくことにする。

(1) 直接契約に基づく取引チャネルの形成

トップリバーの場合，先の基本方針5項目の①で記したように契約生産がメインで[注3]，しかも図7-1で見たように複数の農場（作付面積約100ha）を抱えていることから，取引チャネルと言えば仕入チャネルよりも販売チャネルが主となる。ただし，営業部員が契約した販売量を自社農場の収穫量だけでまかなうことはできないし，また嶋崎氏は「農業者の育成」をライフワークと考え，トップリバーから独立した若手農業者や近隣の農業者との連携，すなわちそれらの農業者（協力農家）からの仕入れも重視している。それゆえ，トップリバーの取引チャネルは図7-2に示したように，販売チャネルと

(注2) 協力農家とはトップリバーに野菜を供給する農家である。後述するように，トップリバーは外食業者等と野菜の販売に関する契約を結ぶが，そのすべてをトップリバーが単独で供給しているわけではない。トップリバーは協力農家と組んで大量の需要に応じているのである。

(注3) トップリバーの嶋崎社長が契約取引を始めたのは，前身の佐久青果出荷組合時代の1995年であった。当時は野菜の自社生産をしていたわけではないが，生産者から集荷したレタスをカット業者に販売する契約取引であった。このことがトップリバーを設立し，契約生産を始める一つの契機となった。

図7-2　(有)トップリバーの取引チャネル

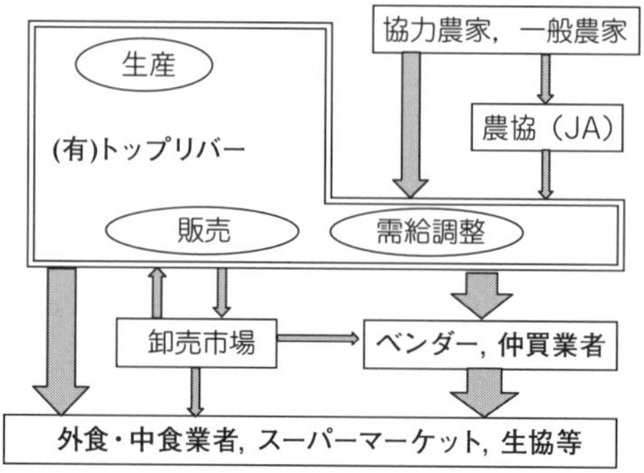

```
            協力農家，一般農家
    ┌─────────┐      │
    │  生産  │      ▼
    │        │   農協（JA）
    │(有)トップリバー │
    │ ┌──┐ ┌────┐│
    │ │販売│ │需給調整││
    └─┴──┴─┴────┴┘
        │  ▲      │
        │  │      ▼
        │ 卸売市場 → ベンダー，仲買業者
        ▼                      │
    外食・中食業者，スーパーマーケット，生協等 ←┘
```

出所：嶋崎秀樹『儲かる農業』竹書房・2009年・p.46および聴取調査

ともに仕入チャネルも存在する。

　仕入先である協力農家（10戸超）等からの仕入量は，販売先との契約量の増減や各農家の事情等に応じて，年ごとに少なからず変化せざるを得ないが，トップリバーは極力，取引の安定化と継続に努めている。それゆえ，協力農家や農協からの仕入れに関しては，生産シーズン前に契約を交わし，取引数量や価格を決めるのが普通である。しかし，天候不順等による豊凶や，販売先であるレストランまたは量販店等の都合によって，取引量が大きく変動することも少なくない。そのため，特に供給量が一時的に不足するような時にはトップリバーは急遽一般農家や卸売市場からも仕入れ，販売先への供給量を確保することも行う。なお，協力農家や農協等からの仕入量は普通の年であれば総販売量の半分近くになる。

　一方，契約取引に基づくトップリバーの販売先は現在，レストラン，ベンダー[注4]，惣菜業者，スーパーマーケット（以下「スーパー」），生活協同組合（以下「生協」）等で，会社数にすると約70社にのぼる。これらの販売先について販売額による大まかな比率をみると，最大の顧客は仲買・中食業者

（注4）ベンダーは英語（vendor）では「売り手」または「納入業者」を意味するが，ここでは小売業者のような「売り手」ではなく，「コンビニ店舗等に配送する納入業者」または「弁当などを生産し，それをコンビニ店舗等に配送する納入業者」を意味する。なお，コンビニ店舗に配送する業者はコンビニベンダーと呼ばれることもある。

（ベンダー，惣菜業者）で総販売額の5割ほどを占め，2番目は外食業者（レストラン，ファーストフード）で2割程度である。ただし，ベンダーに納めた野菜（キャベツ，レタス，ハクサイ）は小分け・再包装等の簡単な加工後にスーパー等へ納入されるものもあれば，弁当や惣菜に加工した後に，再びコンビニエンスストア（以下「コンビニ」）やスーパー等に販売されるものもある。また，中食業者やレストランへはトップリバーが直接納めているが，ファーストフードへは直接納入ではなく，カット業者のところでカットされた後に納入されるのが大半である。

それらに次いで大きいのは生協，そしてスーパーである。前者が総販売額の2割弱，後者が1割弱である。ただし，生協への納入はすべてが直接行われるのではなく，半分ほどは納入業者（ベンダーとも呼ばれるが，特別な加工を行うことがない）経由である。また，スーパー納入分については，そのほとんどが納入業者経由である。納入業者を経由するのは，店舗で販売する商品の場合，トップリバーの3品目（キャベツ，レタス，ハクサイ）だけでは不十分なため，納入業者のところで卸売市場仕入品等と合わせて品揃えする必要があるからであろう。

そして残りの1割弱は卸売市場向け出荷である。ただし，この比率は野菜の収穫量が契約量を下回る時にはゼロになるし，大きく上回る時には3割を超えることもある。もちろん，この出荷分は契約取引ではなく，委託出荷[注5]である。契約取引でない卸売市場出荷を行う理由は，後述するように，作付け時に予定収穫量が中食業者等からの受注量（契約量）を上回るように作付面積を確保しなければならないからである。すなわち，不作時を想定して余分に作付けるため，平年作でも収穫量は契約量を超えるし，豊作時にはなおのこと大幅に超えることから，その超過分を販売するために卸売市場に委託出荷しているのである。

（注5） 委託出荷とは値段を決めずに卸売市場の卸売業者等に販売を委ねる取引方法である。卸売市場出荷の場合はこの取引方法を採ることが多い。なお，荷を受ける卸売業者の側からみると委託出荷は受託集荷となるが，受託集荷とは言わずに委託集荷と呼ぶのが普通である。

このように，トップリバーの場合，販売先との取引において契約取引が重視されているのはもちろんのこと，協力農家等との取引においても契約取引が行われている。したがって，契約取引チャネルが太い幹を形成し，それ以外の取引チャネルがそれを補完する位置にあると言える。

(2)「100点＋200点」理論のプロモーション

上述のように契約取引チャネルの構築に力を入れたのは，「良い製品をつくれば，それだけで売れるようになるのか」[注6]と言う疑問からであった。換言すれば，嶋崎氏は「営業・販売セクションを持ち，どうやったらより多く，より高く，より的確に買ってもらえるかを検討し，売り込まなければならない」[注7]と，すなわち営業活動（プロモーション活動）を通して注文を獲得し，それに対応した生産を行う必要があると考えたのである。それゆえ，従来の農業が営業・販売活動を軽視していたことを反面教師とし，生産活動以上に営業・販売活動に力を注ぐべきと言う意味合いを込めて「生産を100点，営業・販売を200点」[注8]と，営業・販売が生産を上回る重みを持つことを強調し，同時に図7-1でみたように営業部門を組織内に明確に位置付けたのである。

現在，営業担当者は社長の嶋崎氏を含めると6名で，彼らは一年中，常にレストラン等の販売先とコンタクトをとり，それら販売先のニーズの把握や日々の数量調整等に努めているが，最も重要な業務は販売先と翌年度の受注に向けた契約を結ぶことである。その場合，当然，前年と同じ受注量で更新することもあれば，増減することもある。また，既存の販売先との契約の更新だけでなく，インターネットや企業年鑑等から新たな販売先を探し，新規の契約にも取り組む。

かくして獲得した受注量（契約量）と，協力農家および自社農場の予定収

(注6) 嶋崎秀樹『儲かる農業』（竹書房）p.60。
(注7) 嶋崎秀樹『儲かる農業』（竹書房）p.61。
(注8) 嶋崎秀樹『儲かる農業』（竹書房）p.59〜061。

穫量とを，それぞれ週別数量に組み替えた上で，毎年２月までに双方のつき合わせを行う。受注量が予定収穫量を上回る週については協力農家等に生産規模の拡大を要請し，逆の場合は営業担当者がさらに新たな販売先を開拓したり，既存の契約先に受注量の追加を求めるなどして，販売量の拡大を図る。ただし，どうしても数量調整が十分にできない場合には，普段は取引がない農家や農協，あるいは卸売市場から不足分を仕入れたり，逆に卸売市場へ余剰分を出荷するなどして調整する。

　もちろん，こうした営業や数量調整だけでなく，それ以外のプロモーション活動も積極的に行っている。その主なものとして次の３点を指摘できる。

　第１は，社長の嶋崎氏が行う講演活動である。同氏は多い年には30回を超える講演を行う。講演料と旅費をもらえる時もあれば，旅費だけのこともある。講演料をもらえる場合も，講演内容を検討する時間などを考えると決して割に合うものではないが，都合がつく限り引き受けている。その理由は会社の知名度の向上と，「儲かる農業」に対する賛同者数の増加である。知名度が向上し，賛同者が増えれば，営業活動がスムーズになるのはもとより，協力農家や就農希望者も増加する可能性が高まるからである。

　第２は，テレビ出演や新聞記事掲載等のパブリシティである。嶋崎氏がテレビ東京系列の「カンブリア宮殿」に出演したことは，同氏の著書等でも紹介していることから，多くの人々に知られているが，それ以外にも地元のテレビ局等が特別番組やニュースの中でトップリバーを何回も取り上げている。また，地元紙や農業関連紙の記事でも取り上げられている。これらのテレビ出演等は，第１の講演活動と同様，知名度の向上と賛同者の増加に寄与するところが大きい。

　第３は「くちコミ」であるが，この効果は意外に大きい。例えば，トップリバーはある年からレタス生産を全量エコレタス[注9]に転換したが，その

(注９) エコレタスの特徴は，①土壌消毒しない，②除草剤を使用しない，③危険な農薬は使用しない，である。すなわち，栽培方法が自然環境に配慮したものであることから「エコレタス」と呼ばれている。なお，トップリバーがレタスの生産をすべてエコレタスに変えたのは2002年で，キャベツは2000年，ハクサイは2003年からである。

ことがテレビ出演等と共にくちコミで広まると，行政官らの視察が増え，トップリバーの注目度が一段と高まっただけでなく，それまで取引実績のない業者からの注文も相次いだほどである。

これらの3つのプロモーションは知名度を向上させ，従業員や協力農家のモチベーションを高める上で大きな効果があったことは間違いなかろう。しかし，売上高を着実に伸ばす上では，地道なプロモーションではあるものの，営業活動の重要性は極めて高いと言える。

3．販売先ニーズに合わせた製品化

(1) 契約販売に即した生産の計画化

これまで何度も指摘してきたように，トップリバーの大きな特徴は売上高増大に向けた営業・販売活動の重視である。しかし，そのことは決して生産活動の軽視を意味するものではない。それどころか，トップリバーの関係者は生産活動を，営業・販売活動を支える土台と認識している。すなわち，従来の農業のような「プロダクト・アウト」としての生産ではなく，営業・販売活動の成果である契約に基づいた「マーケット・イン」の生産を実行しているのである。

実際，トップリバーでは各農場長と協力農家が3品目（レタス，キャベツ，ハクサイ）に関する翌年度の予定収穫量を毎年12月までに算出するが，翌年，その予定のまま生産に入るわけではない。前述のように，受注量と予定収穫量を週別数量に組み替えた上で両者の突き合わせを行い，互いの数量調整を行う。その調整が済むと，各農場長，各協力農家ごとに作付面積，収穫日，収穫量，定植日，播種日を最終的に決定し[注10]，その計画に則った生産を要請する。

(注10) トップリバーでは出荷量を入力すると自動的に定植日や播種日など算出するソフトを作成した。これによって農業経験の浅い従業員でも生産計画を立てることが可能になっている。

ただし，その場合，計画収穫量を受注量に完全に一致させるのではなく，前者が3割ほど多目になるような作付面積とする。その主な理由の一つは，天候次第で収穫日が時には1週間前後も変化するため，計画収穫量と受注量を一致させてしまうと，実際の収穫量が受注量を下回り，欠品問題が起きかねないことである。もうひとつは，天候や地下水等の変化によって栽培品目の品質や大きさが当初の予定と異なるなど，出荷できない収穫物が出ることである。

なお，天候に恵まれるなどして収穫量が受注量を大幅に上回る場合には，卸売市場に出荷するか，取引先に安値で販売することになるが，トップリバーではそれは契約取引のコストと考えている。

(2) 規格の特定と出荷の周年化

契約に基づいた「マーケット・イン」となると，もちろん数量を合わせるだけではない。それ以外にも様々な取り決めが行われる。例えば，後述する価格もそのうちの1つであるが(注11)，特に生産との関わりだけに限ってみても，数量調整の件と共に，規格や収穫・出荷期間の取り決めも重要項目に加えられる。

規格は果実の場合，見栄え（色，形，傷の有無）が重視されるが，野菜，特に業務（加工）用葉物野菜は見栄えはそれほど重視されず，通常は1玉当たりの重量または特定のケースの中に入る玉数で決められる。例えばレタスの場合は2L（1個当たり重量は850g以上），L（600〜700g程度），M（400〜500g程度），S（400g以下）と言った大きさの規格が存在する。これらのうち，外食業者等の業務用需要者は2LやLを要望するのが一般的である。その理由は大玉ほど歩留まり率(注12)が良いからである。また，スーパーや

(注11) 契約での取り決め項目には，数量，価格と共に，規格，出荷容器（プラスチックコンテナか段ボールか），納品時間，納品場所，出荷期間（出荷開始時期と終了時期）等がある。
(注12) 葉物野菜等を業務用・加工用として利用する際，芯や外葉等の非食部分を切除するが，それらを取り除いた後の可食部分の割合を歩留まり率と言う。例えば大玉（2Lまたは3L）キャベツの歩留まり率は7〜9割，大玉（2L）レタスの歩留まり率は6〜7割であるが，いずれも小玉（MまたはS）の場合の歩留まり率は5割程度かそれ以下である。

図7-3 (有)トップリバーの品目別産地別収穫・出荷期間（2015年）

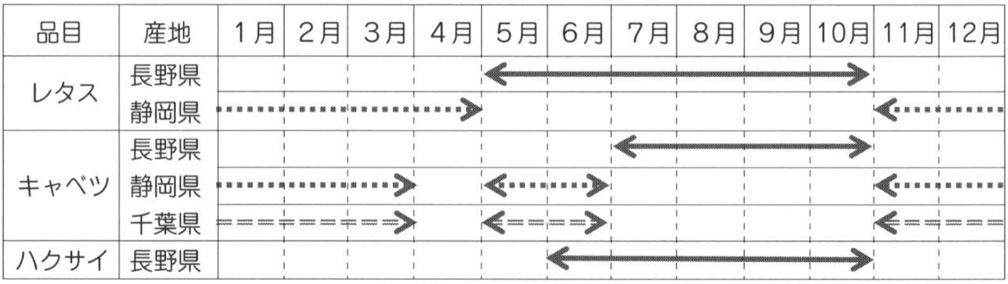

品目	産地	1月	2月	3月	4月	5月	6月	7月	8月	9月	10月	11月	12月
レタス	長野県					←――――――――――→							
	静岡県	・・・・・・・・・・・・・・・→										←・・・・	
キャベツ	長野県							←――――――→					
	静岡県	・・・・・・・・・・・・→				←――→							
	千葉県	＝＝＝＝＝＝＝→				←＝＝→						←＝＝＝	
ハクサイ	長野県					←――――――――――→							

出所：(有)トップリバー資料
注：レタスはサニーレタスとグリーンリーフも含む。

生協は家庭向けサイズのLやMを指定することが多い。

ただし，規格については大きさだけが問題とされるわけではない。栽培中の農薬使用や外葉（食用に適さない外側の葉）の数についても取り決めが行われる。特に生協は農薬使用については厳しく，レタス，キャベツ，ハクサイのいずれもエコ栽培（減農薬，減化学肥料等）を強く求める。また，外葉についてスーパーは2～3枚を要求する。中身の傷みを防ぐためである。これに対し，外食業者やベンダー等の業務用需要者は1～2枚にするように指示することが多い。それは外葉が多いと生ゴミが多くなり，その処理コストが嵩むからである。

収穫・出荷期間（供給期間）については，買い手側は常に長期化を求めてくる。そのため，トップリバーは設立当初から長野県内で自社農場や協力農家を標高700mから1,500mの間に分散配置するなどして収穫期間の長期化を推進してきた。しかし，それでも長野県内で生産する限り，収穫期間は5月から10月の範囲にとどまった。

そこで2013年から静岡県浜松市に自社農場を設立し，また2014年からは千葉県袖ケ浦市に協力農家の農場を確保した。この結果，**図7-3**に示したように，現在ではレタスとキャベツについてはほぼ1年中の収穫・出荷を可能にし，販売先相手の要望（ニーズ）に対応した。

このように，収穫量を受注量に合わせる努力に加え，販売先ニーズに生産・出荷規格も合わせ，さらに供給期間も長期化するなど，トップリバーは正に

「マーケット・イン」の生産を実現したのである。

4．商品価値に見合った価格設定

(1) 営業先相手の倉庫を見る

　上述の販売先ニーズに合わせた生産も確かに容易なことではないが，販売先の開拓，特にその際の値決めは極めて難しいと言える。ごくわずかな価格の違いで黒字になることもあれば，赤字になることもあるからと言うだけでなく，販売先相手にとって安い方が望ましいのは当たり前であるし，中には常識では考えられないような価格の引き下げを強引に迫る者さえいるからである。

　そこで，トップリバーの営業担当者は相手先に出向いて商談する時には，野菜を保管している倉庫を見ることにしている。倉庫内の野菜の産地名等をチェックするためである。スーパー等の店舗に置かれた状態の場合，「○○県産」は分かっても，それ以上の細かい産地情報を把握するのは難しいであろうが，倉庫内の野菜が入った段ボールを見れば，農協名や市町村名，さらには生産者名まで把握することも可能である。

　このような詳細な産地情報が分かると，実は出向いた先の商談先相手が仕入れている野菜の品質のレベルがある程度推測できる。仮にさほど品質が良いとは思えない産地や生産者の段ボールが積まれているとしたら，その相手は品質を考慮した仕入れよりも，価格の安さに重きを置いた仕入れをしていると判断できるのである。もちろん，トップリバーはこうした相手とは取引をしない。

　確かに価格を安くすれば販売量を増やし，売上高を伸ばすことも容易であろうが，そうなるとトップリバーと競合する生産者や農協等も価格を下げるなど，悪循環に陥ってしまう可能性が高まるだけでなく，生産物の品質の低下も招くことになる。その結果は，改めて言うまでもなく，「儲かる農業」の否定につながることになる。

(2) お互いが納得する価格

　では，どうするのか。一言でいえば，トップリバーが生産する野菜の価値を理解してもらい，その価値に応じた価格設定を行うのである。

　その具体的な方法の一つは，販売先相手の仕入担当者に生産現場を見てもらうことである。これによってエコレタス等がどのように生産されているかを説明することができるし，JGAP（日本版適正農業規範）[注13]に基づいた農作業の各工程での農産物の安全性や環境に対する配慮等についても理解してもらうことができる。

　しかし，すべての仕入れ担当者が生産現場を訪れることができるわけではないので，もうひとつの方法として，営業担当者に自社農場や協力農家を回り，圃場を見て栽培方法や生育状況を把握することを義務づけている。と言うのは，収穫後の野菜を見るだけでは土壌消毒剤や農薬を使っているか，健康に育っているか等を見分けることは不可能に近いが，根の張りぐあいや土の色を見たり，土の臭いをかげば，エコ栽培か否か，健康な野菜か否か等を知るのはさほど難しいことではないからである。しかも，そうしたことを知ることができれば，営業担当者は説明に自信を持つことができ，販売先相手に納得してもらいやすくなるのである。

　かくして価値に見合った価格設定が可能になるが，このことはもちろん「高く売る」ことを意味しているわけではない。実際，LやM等の選別を行わずに「段ボール満杯」での出荷の場合には選別コスト分の割引を行うし，コンテナ（通い箱）[注14]出荷であれば段ボールを利用するよりも収穫速度が速いこと等から，その分の割引を行っている。

（注13） JGAPはJapan Good Agricultural Practiceの略称であり，日本版農業規範とも言われる。ＧＡＰは元々はヨーロッパで生まれた農場管理手法で，農産物や生産者への危害要因等を検討し，適切な管理を行うことで，環境等に配慮しながら安全な農産物を生産しようというものである。それを日本に対応させたのがＪＧＡＰである。

（注14） プラスチックコンテナでの出荷を，通常，コンテナ出荷と呼んでいる。このプラスチックコンテナは段ボールと違って，出荷容器として何度でも利用できることから，「通い箱」と呼ばれることもある。

第7章　農業生産法人（有）トップリバーのマーケティング　95

また逆に「たくさん買うから，価格を下げろ」という要求には断固として応じない。相手は価値を認めるからたくさん欲しいと思うのであって，たくさん買うことで価値が下がるわけではないからである。

いずれにしても，トップリバーの営業担当者は自社野菜の価値を販売先相手に理解してもらい，その価値に基づいてお互いが納得できる価格を設定するように努めていると言えよう。

5．（有）トップリバーのマーケティングの特徴

以上，トップリバーのマーケティングを4Pの視点から具体的にみてきた。最後にそれらを要約するかたちで同マーケティングの特徴を整理すると，以下の4点に大きくまとめることができよう。

第1は，契約取引チャネルをメインとしたこと。

現在のトップリバーの販売先は70社を超え，しかも外食業者，中食業者，ベンダー，生協，スーパー等と業者は多岐にわたる一方，協力農家や農協等からの仕入れも行っているが，そうした多くの多様な取引先相手のうちの大半の相手と契約を結んでいる。契約取引チャネルの形成こそが農業経営を安定化させ，「儲かる農業」を実現する鍵になるとみているからである。

第2は，営業という人的プロモーションを積極的に展開していること。

トップリバーにおいても営業以外のプロモーション，例えばテレビや新聞を活用したパブリシティ，嶋崎氏の講演，くちコミ等も，もちろん行われている。しかも，その効果も大きいことは間違いない。しかし，取引先と直接に契約を結ぶとなると，営業活動が最も重要な役割を果たすのである。

第3は，販売先のニーズに基づいた「マーケット・イン」の生産を，すなわち販売先が必要とする規格の商品を，必要とする数量分，必要とする時に供給するための生産を行っていること。

実際，週別単位で生産量の計画を立て，調製作業では外葉の枚数にまで留意している。しかも，天候等の自然環境の変化によって生産量が変化するこ

とも考慮して，年間生産計画を立てる際には受注量を3割ほど上回る収穫量となるような作付面積の確保に努めている。

　第4は，商品価値に見合った適正な価格形成を実践していること。

　トップリバーは価格の安さだけを要求し，品質などは問題としない相手とは取引しないし，また「倍買うから価格を下げろ」と要求する相手とも取引しない。一方，コンテナ出荷等によってコスト削減が可能であれば，割引にも柔軟に対応している。要するに，商品としての価値を基準に売り手と買い手の双方がお互いに納得できるような価格設定に努力しているのである。

　なお，改めて言うまでもないが，上記の4点は個々別々なものではない。それらの総合化・融合化こそが肝要と言えよう。

参考文献
嶋崎秀樹『儲かる農業』竹書房・2009年
嶋崎秀樹『農業維新』竹書房・2013年
藤島廣二・小林茂典『業務・加工用野菜』農山漁村文化協会・2008年

第8章

カルビーのスナック菓子マーケティング

1．スナック菓子マーケットにおけるカルビーのポジション

(1) あめ菓子製造業からスタートした企業　松尾糧食工業

　現カルビー（株）のヒット商品でロングセラー商品でもあるスナック菓子「かっぱえびせん」は，半世紀もさかのぼる1964（昭和39）年に発売された商品であり，カルビーの前身であるカルビー製菓（株）によって開発された。そのカルビー製菓の誕生は創業企業である松尾糧食工業の経営危機と，その経営危機を契機に社名を1955（昭和30）年に改称したことによる。

　松尾糧食工業は1949（昭和24）年，広島県広島市に誕生した企業であり，創業当時の事業内容は「カルビーキャラメル」というヒット商品を発売していた菓子製造業であった。戦後の復興期を迎えていた1950（昭和25）年当時の菓子業界では「"光"はまず"あめ菓子"から」[注1]と言われていた。当時，多くの国民は苦悩の日々を過ごしており，そうした苦悩を緩和していたのがわが国の食文化で長い歴史を有していたあめ菓子であった。あめ菓子業界は国民生活に欠かせない重要な役割を担っており，1945（昭和20）年の菓子類総生産金額に占めるキャンディ（あめ菓子[注2]）類の生産金額比率は8割を占めていたと言われている。この時期のあめ菓子業界では江崎グリコ，森永製菓，明治製菓などのナショナル・ブランドや松尾糧食工業（広島），カバ

(注1)『昭和の食品産業史』日本食糧新聞社，1990年，p.593。
(注2) あめ（飴）とは干し菓子のひとつであり，砂糖や水あめを煮詰めて作ったものである。広義にはキャンディ，ドロップなどの洋菓子系統を含む場合もある。（社）全国調理師養成施設協会『総合調理用語辞典』2010年，p.43。

ヤ（岡山）といったローカル・ブランドがしのぎを削っていた時代であった。

　戦後，わが国の復興・回復はめざましく，同時に進んだ食の充実，消費者ニーズの多様化は国民の食生活に浸透することにより，菓子市場にはあめ菓子業界の競合食品である米菓，ビスケット，チョコレート，チューインガムなどの菓子が登場し，あめ菓子業界では製品開発力のある少数の大手または中堅の専業メーカーが菓子市場のシェアを確保し，そうした少数の企業が市場を支配する寡占業界へと進んでいったのである。

　あめ菓子業界の寡占化と消費者ニーズの多様化は，ローカル・ブランドとして一時期人気を博していた「カルビーキャラメル」の売上げにも影響を与えることとなり，こうした経営環境の変化は松尾糧食工業を経営危機に追い込んだが，この経営危機は新たな事業を模索する契機となった。

(2) あめ菓子市場からの脱却と，スナック菓子マーケットの確立

　1955（昭和30）年代に入り，経済企画庁が1956年に公表した経済白書「日本経済の成長と近代化」の結びで「もはや戦後ではない」と謳った当時，経済発展の急成長と食に対する消費者ニーズの多様化は松尾糧食工業に対し新事業の創出と新製品開発を求めることとなった。松尾糧食工業はこうした経営環境の変化に対応するために社名を「カルビー製菓」（「カルビー」という社名はカルシウムの"カル"と，ビタミンB1の"ビー"を組み合わせたもの）」に変更した。また，事業内容はエクストルーダー[注3]という食品加工装置を購入する事によって，あめ菓子以外の新製品開発に取り組み「かっぱえびせん」の原点となった「かっぱあられ」[注4]というスナック菓子を発売した。「かっぱあられ」の開発・発売は菓子市場に新たな菓子カテゴリーとしてスナック菓子マーケットを確立することとなった。

（注3） わが国におけるエクストルーダー（スクリュー回転によって生じる搬送・混練・粉砕・剪断機能により原料を加熱・加圧しながら連続的に食品加工を行う装置）の輸入によって，小麦粉を加工し米菓に類する日本初の小麦あられである「かっぱあられ」を開発した。カルビー戦略グループ編集『カルビー戦略史』カルビー，2008年，p.17を参照のこと。

（注4） カルビー戦略グループ編集『前掲書』2008年，p.18を参照のこと。

ところで，全日本菓子協会の資料(注5)によると2014（平成26）年のスナック菓子の市場規模は，生産数量が23万751トン，生産金額は2,961億円，そして小売金額は4,218億円となっており，これらの数字はここ10数年増加傾向を示している。

　また『酒類食品産業の生産・販売シェア』(注6)からスナック菓子マーケットにおけるカルビーのポジションについて，1981（昭和56）年と2012（平成24）年の生販（生産販売）シェアを対比することから見ることとする

　スナック菓子業界における上位5企業について，まず1981年の生販シェアからみると，第1位がカルビーの生販額625億円（シェア32.1％），第2位がハウス食品工業の同170億円（同8.7％），第3位が明治製菓の同153億円（同7.8％），第4位がヤマザキナビスコの同145億円（同7.4％），第5位が東鳩東京製菓の同137億円（同7.0％），第6位が湖池屋の同73億円（同3.7％）となっており，カルビーの生販シェアは第2位企業のシェアを23.4ポイント引き離している。そして30年を経過した2012年の上位5企業における生販シェアをみると，第1位がカルビーの生販額1,556億円（シェア54.0％），第2位が湖池屋の同284億円（同9.9％），第3位がおやつカンパニーの同176億円（同6.1％），第4位がヤマザキナビスコの同158億円（同5.5％），第5位が東ハトの同146億円（同5.1％）となっており，カルビーの生販シェアは追随している湖池屋の生販シェアを44.1ポイントも引き離しており，カルビーのシェアは30年間でナショナル・ブランドとしてのポジションを一層高めている。スナック菓子の品目はポテトチップなどのポテト系，トウモロコシを主原料としたコーン系，小麦粉を主原料とした小麦粉系，おかきなどのライス系の4つに大別でき，2012年の生産金額2,880億円の品目別構成比は，ポテト系が1,985億円（68.9％），コーン系が380億円（13.2％），小麦粉系が225億円（7.8％），ライス系他が290億円（10.1％）となっている。ポテトチップスとはジャガイモをスライサーなどで薄く切り，水にさらした後，水気を切って油で揚げ

(注5) http://www.eokashi.net/siryo/siryo08.htm/「e-お菓子ねっと」全日本菓子協会
(注6) 日刊経済通信社『酒類食品産業の生産・販売シェア　2013年版』2013年12月より．

たスナック菓子であり，スナック菓子市場での主力製品であるポテトチップスは全生産金額の約7割を占めている。

2．スナック菓子業界のマーケティング・ミックス

(1) 菓子業界におけるプロモーション政策

　加工食品企業の発展は，一般的に商品単価が低く，最寄り品であり，近辺の小売店から購入することができ，購入頻度も高く，セルフサービス方式で販売される比率が高い消費財という商品特性に規定されている。そして，食品企業には①スーパーマーケットからPLC（product life cycle）の短い食品に対して，継続的な新製品開発が求められ，②テレビCMなどの広告をはじめとしたマーケティング・ミックス（製品政策，流通チャネル政策，プロモーション政策，価格政策の組み合わせ）によって，消費者の購買行動への絶えざる喚起が常に要請されている[注7]。

　そこで，スナック菓子の「かっぱえびせん」をケースとして，ここでは主に流通チャネル政策とプロモーション政策について見ることとする。カルビーでは新製品の「かっぱえびせん」を発売するにあたり，従来，菓子業界が商慣習としていた流通チャネルの再構築と，新たな時代を迎えたテレビCMに対応したプロモーション政策を展開した。菓子製造業者の多くは販売力の弱い中小企業であり，販売エリアにおける自社製品の取り扱い率（カバー率）を高めるために，流通ルートが地域の販売エリアに密着した地域卸売問屋，小規模卸売問屋を経由し小売店へ販売される取引が慣習となっていた。カルビーはこのような既存の"細くて長い"多段階流通（消費者までの流通ルートに多くの問屋などが多く存在すること）を，"太くて短い"流通（流通コストの削減，流通期間の短縮化）にするため，地域と密着した地域卸問屋との直取引を独自に行う流通チャネルの再構築を行った。しかし，こうした取

[注7] 木島実『食品企業の発展と企業者活動―日清食品における製品革新の歴史を中心として―』筑波書房，1999年，p.14を参照のこと。

引形態は商品名（ブランド）が消費者に選ばれなければならず，消費者にユニークなブランドや企業イメージを認知させるための商品広告を展開するプロモーション政策を必要とした。

商品名（ブランド）を訴求した広告によるプロモーション政策は，すでに明治製菓，森永製菓，江崎グリコなどの大手菓子製造業者で行われており，これらの企業は特に，従来のテレビCMおよびテレビのカラー化に伴って，消費者に対して商品イメージを強力に印象づける効果的なテレビCMを作成・放映し，自社製品に対する購買意欲を喚起させるプル戦略[注8]を一層展開し，ナショナル・ブランド化した商品を地域卸問屋や小売店に取り扱わせる直取引を可能にしていったのである。

1964（昭和39）年に発売された「かっぱえびせん」は，テレビCMにおけるコピー（広告文）や"やめられない　とまらない　かっぱえびせん"というユニークなBGM（背景音）の効果によって，売上高100億円を超えるカルビーの主力商品となったのである。こうしたテレビCMをはじめとしたプロモーション政策による商品の認知度の向上は，スーパーマーケットの特売（ある一定の期間，通常の価格よりも安く販売すること）にも効果を発揮したのである。この時期，急速に普及していたスーパーマーケットによる特売の集客効果は，主に主婦を中心に口コミを通じて全国的に商品名の知名度が高まっていた「かっぱえびせん」の評価を更に高めていった。こうしてカルビーは大手菓子製造業者の導入したナショナル・ブランド化へのマーケティング戦略によってローカル・ブランドメーカーからナショナル・ブランドメーカーへと飛躍的に発展した。

(2) スナック菓子製品のPLC（Product Life Cycle）の短さと鮮度管理

新製品の市場導入期には生産量・売上げの伸びが飛躍的に伸張するが，販

(注8) プル戦略とは消費者に自社製品（ブランド名）をテレビCMなどのプロモーション活動によって認知させ，それにより「消費者」→「流通業者」→「メーカー」の順に指名買いを促す（消費者の側から製品が引っ張られる）マーケティング戦略の一つである。プル戦略の対照的な戦略としてプッシュ戦略がある。

売期間の経過とともに、次第にPLCの成熟期を迎え、やがて衰退期を迎える。市場での成熟期を迎えた製品は、製品カテゴリーの延命化を目的とした部分的な改良によるリニューアル製品のバラエティ化ではもはや限界があり、新たなPLCの波を起こすような新製品、すなわち、菓子市場における新しいカテゴリーを創造するような新製品の開発が求められるのである。

これまでのカルビーの企業成長を支えてきた主要な製品には「かっぱえびせん」(1964 (昭和39) 年),「カルビーポテトチップス」(1975 (昭和50) 年),「フルーツグラノーラ (シリアル商品)」(1989 (平成元) 年),「じゃがりこ」(1995 (平成7) 年),「Jagabee」(2006 (平成18) 年) をあげることができ、これらの製品は概ね10年間隔のPLCで開発されてきている。こうした継続的な新製品開発がカルビーの持続的成長を可能にしてきた大きな原動力であったことは言うまでもないが、ここではこうしたスナック菓子の製品特性に対応した鮮度管理についてふれることにする。

スナック菓子などの油脂性食品は長期保存によって、空気中の酸素、湿気、熱などの作用により不快な臭いを発生し、味が劣化し、商品価値を下げてしまうことがある。1975 (昭和50) 年に、ポテトチップス市場へ参入したカルビーは、小売店頭で埃のかぶっている「カルビーポテトチップス」を何ら気にせずに販売されている光景や他社商品の中にいつ生産された商品であるのか分からないものも多くあり、ポテトチップ商品の販売回転率が低いことを知ることとなった。ここではポテトチップ (スナック菓子) の店頭における鮮度政策とマーケティング戦略が密接に関連していることを述べる。

1972 (昭和47) 年、地方自治体の一部には消費者運動の高まりとともに商品の製造日付の表示義務化を条例として制定した。その条例により大手小売業者の中には製造日付を表示していない製品の取引を中止するところも現れてきた。また、菓子製造企業の経営者の中には小売店頭で販売されている商品の日付が異なることにより、流通が攪乱する恐れがあることから表示義務化に反対する者もあった。しかし、こうした社会現象のなかでカルビーは小売店頭での鮮度管理 (新しい商品ほど鮮度がよくおいしい) の観点から、製

表8-1　カルビーのスナック菓子と4P戦略

Product	新製品開発の推進。新原料の確保と貯蔵施設への投資。
Price	製品ポジショニングにあった価格設定。 カルビーポテトチップス＝100円 （既存のポテトチップ＝150円）
Place	販売チャネルの確立。いつでもどこでもカルビー商品を買うことができる。
Promotion	テレビＣＭをはじめとした販売促進策の展開。商品回転率を高める。

資料：『カルビー戦略史』カルビー・2008年より作成。

造年月日を商品に表示する立場をとったのである[注9]。

こうした状況下のスナック菓子市場におけるカルビーポテトチップスの市場評価を回復するために，カルビーは表8-1に示したような鮮度政策を目的とした4P（Product Price Place Promotion）戦略を策定し，小売店頭での商品の鮮度管理を高めるために①印象的なテレビＣＭと店内プロモーションを組み合わせた販売促進，②一括大量配送から多頻度小口配送への転換，③安売り乱売の防止という商品管理を徹底したのである。

3．マーケティング戦略と新製品開発

近年，スーパーマーケットやコンビニエンスストアのPOS（販売時点情報管理システム）データが描き出すPLCの波形が，時代とともに「高度経済成長時代は『富士山型』，1980年代以降は『茶筒型』，最近は『ペンシル型』」[注10]と指摘されており，PLC図が描くS字曲線がかつてのように緩やかな曲線で推移しているのではなく，鉛筆の先のように鋭角（波形がますます短くなっている）な形になっていると指摘されている。小売店側は限られた陳列棚のスペースでその尖った期間の売り上げを多数の商品で上げていくのが効率的であり，メーカーはPOSデータの結果によって"死に筋商品"として市場か

(注9) カルビー戦略グループ編集『前掲書』2008年，p.40を参照のこと。
(注10) 日本経済新聞社編『ヒットの経営学』日本経済新聞出版社，2011年，pⅠ。

ら退出を余儀なくされた商品に代わる商品を供給しなければならなくなったのである。食品企業の新製品開発は既に述べたようにスーパーマーケットなどからの要請が大きく影響しており，マーケティング戦略と新製品開発の関係は車の両輪と言えよう。

そこで，ここでは前述したようにカルビーの成長を支えた製品は概ね10年のサイクルで発売されており，ここではとりわけカルビーの代表的なブランドである「かっぱえびせん」，「カルビーポテトチップス」，「じゃがりこ」について，開発の経緯を紹介する。

(1)「かっぱあられ」の開発，そして「かっぱえびせん」の誕生

「かっぱえびせん」の原点である「かっぱあられ」は，1954（昭和29）年，当時の食糧配給制下[注11]で入手困難だった米の代用原料として，小麦粉を人造米に成分変化することのできるエクストルーダーという設備を購入し，人造米を米粒よりもやや大きく成型し，米菓と同様な製品（小麦粉あられ）を開発したのである。かっぱあられは醤油や砂糖の味を加えるなどの製法を工夫し，ユニークなネーミングで，バラエティに富んだ「かっぱあられ」シリーズ（「かっぱの一番槍」「お好みかっぱあられ」「鶏卵せんべい」など）製品を次々と発売したのである。また，「かっぱあられ」というネーミングは，かっぱあられが発売される2年前に，大衆雑誌である「週刊朝日」に掲載されていた漫画「かっぱ天国」の人気キャラクターの"かっぱ"を用いたものである。かっぱあられ製品シリーズの売上高は1962（昭和37）年にPLCの成熟期を迎え，次なる製品開発に取り組むこととなったのである。こうした経緯を経て誕生した製品が1964（昭和39）年に発売された「かっぱえびせん」である。かっぱえびせんはすでに述べたようにテレビCMの効果によりヒット商品となり，今日でもロングセラー商品となっている。カルビーのかっぱえびせんに対する今日までの製品改良は味や品質などの製品そのものに関わ

(注11) 戦時経済下でおこなわれる生産物の統制配給のことであり，1941年（昭和16年）には主食である米穀・小麦粉など生活必需物資に次々に適用された。

る開発だけではなく，近年では市場の成熟期を迎えたスナック菓子市場から，スナック菓子市場とベビーフード市場のニッチマーケット（すき間市場）をターゲットとした「1才からのかっぱえびせん」を2004（平成16）年に発売した(注12)。その製品開発に関わった「かっぱえびせん」のブランド・マネージャー(注13)は，1歳までの乳児には月単位の離乳食メニューがあるのに対し，ベビーフード市場には先発メーカーによる多様な商品が発売されていることをマーケティングリーチによって明らかにした。しかしながら，1歳を過ぎた幼児のおやつに適した商品は極端に少ないことから，カルビーでは「塩分1/2，無添加の幼児向けかっぱえびせん」を製品コンセプトして，エビの含有量は栄養価を高めるために倍増し，塩分は既存の製品の半分とし，油脂分をゼロにした10ｇ入り4袋セットの新製品を開発したのである。

(2) カルビーのポテトチップス市場への参入

わが国でポテトチップが本格的に製造・販売されたのは，東京スナック食品が1963（昭和38）年に米国からオートフライヤー（油揚げ機）を輸入してからである(注14)。

カルビーがポテトチップス市場に参入した理由には1971（昭和46）年に入り，「かっぱえびせん」の売上高が100億円をピークに前年割れを示し，売り上げにかげりを見せ始めてきたことが挙げられる。カルビーがポテトチップス市場に参入した最初の製品は，アメリカから輸入したマッシュポテト（ポテトフレーク）を原料とした製品であり，当時の人気テレビ番組の仮面ライダーをデザインにしたカードをおまけにつけたスナック菓子「仮面ライダースナック」を発売した。カルビーは「かっぱえびせん」に代わる主力製品としてポテトチップの製造に努めたが，技術的な課題からポテトチップの製造

(注12) 川上智子「製品のマネジメント」石井淳蔵・廣田章光『1からのマーケティング〈第3版〉』碩学舎，pp.80～95，2009年．
(注13) ブランド・マネージャー（BM：Brand Manager）とはある1つの銘柄（ブランド）について，製品の企画，開発，発売，販売促進，市場調査，次期新製品の開発というように，そのブランド（群）を育成・管理するブランド担当者をいう．
(注14) 『前掲書』日本食糧新聞社，1990年，p.578．

は一時断念し、原材料を馬鈴薯に依存したカルビーの新製品として「仮面ライダースナック」を発売したのである。しかし、同製品の売り上げは低調であったことから次に生の馬鈴薯を原料とした「サッポロポテト」を1972（昭和47）年に発売し、1974（昭和49）年には「サッポロポテト　バーベQあじ」を発売し、この2つの商品はヒット商品となったのである。こうしたヒット商品を販売しながらカルビーでは、アメリカのポテトチップ産業の視察を行い、前述したようにスナック菓子ビジネスにおける鮮度管理を重視したマーケティング戦略において、プロモーション政策を基礎とした店頭での鮮度管理と、価格体系の維持を実現するために消費地に近いところに工場を建設し、そこから商品を供給するといった体制を展開し[注15]、ポテトチップス市場に本格的に参入し、売り上げを伸ばすことに成功したのである。

(3) 馬鈴薯の未利用資源を活用した「じゃがりこ」の開発

カルビーは主として「カルビーポテトチップス」の原料供給を目的としたカルビーポテト（株）を1980（昭和55）年10月に設立した。カルビーポテト社は、欧米の先進的ポテト生産地を参考にしたのち、馬鈴薯の産地改革に取組む一環として設立された企業である[注16]。

このカルビーポテト社の設立が、のちに主力商品の1つとなる「じゃがりこ」を開発するきっかけとなった。ポテトチップス市場が成熟期を迎えていた1980年代後半に入り、カルビーポテト社は市場の飽和期を迎え、今後、余剰が見込まれる「カルビーポテトチップ」で使用していた馬鈴薯の未利用部分を再利用できる製品の開発を検討していたのである。

このような経緯から開発された製品が1995（平成7）年に発売された「じゃがりこ」である。しかし、現在のような完成品にたどり着くまでには、その製造過程において克服すべき二つの改善点があった。その1つは包装容器をカップ型に改善することであった。発売当初、じゃがりこのポテトの原型

(注15) カルビー戦略グループ編集『前掲書』2008年, p.49を参照のこと。
(注16) カルビー戦略グループ編集『前掲書』2008年, pp.72～73を参照のこと。

表8-2 カルビーの企業成長を担った主な新製品

年次	主な新製品の発売と関連事項
1949年	松尾糧食工業(株)設立，『カルビーキャラメル』発売
1953年	松尾糧食工業(株)整理倒産（手形の不渡り振り出し）
1954年	小麦粉からあられの製造技術開発，『かっぱあられ』発売
1955年	社名を「カルビー製菓(株)」に変更
1961年	テレビ宣伝開始
1964年	『かっぱえびせん』発売
1965年	飴菓子の製造から撤退，あられに一本化
1970年	カルビーアメリカ(株)設立，年間売上高100億円突破
1970年	『仮面ライダースナック』発売
1972年	スナック『サッポロポテト』（原料じゃがいも）発売
1973年	カルビー食品(株)設立 社名を「カルビー(株)」に変更，本社所在地を東京に移転 パッケージに製造年月日を刻印開始
1974年	『サッポロポテト バーベQあじ』発売
1975年	あみ印食品の工場を買収して『カルビーポテトチップス』発売
1978年	『ポテトチップスコンソメパンチ』『チーズビット』発売 カルビーポテト(株)の設立，原料供給部門の独立
1980年	東京スナック会社(株)を子会社化
1982年	パッケージの製造日付表示の年月日を西暦に変更
1985年	シリアル製造工場の操業開始，シリアル全国発売
1989年	『じゃがりこ』（じゃがいもを皮付きのまま使用）発売
1995年	『フルーツグラノーラ』（シリアル）発売
2004年	『1才からのかっぱえびせん』（幼児をターゲットとした新製品）発売
2006年	『Jagabee』発売

資料：表8-1と同じ。

は，ポテトフライの成型タイプで細長い角型をしており，こうした形状のポテトフライは製造過程でその大半が折れてしまうという状況にあった。カルビーはこうした状況を克服するために，それまでの細長い角形の長さを製造工程において1/2に縮小し，包装容器もその形状を維持するためにパッケージをカップ型化することにした。パッケージング（Packaging）はマーケティング・ミックスの五つ目のPと呼ばれるほどマーケティング戦略にとって大切な機能を果たしている。つまり，包装デザインはネーミングやトレードマークと同様に消費者に対し商品の「情報伝達機能」を持ち，パッケージングには商品を湿気や汚れ，外部からの衝撃を守る「保護機能」を持っているのである。

2つ目の改善点はポテトの形状と容器の変更に伴い商品名を「じゃがスティクス」から「じゃがりこ」という奇抜なネーミングを採用したことである。「じゃがりこ」はこうした製造過程でのアイデアと，ユニークなネーミングに対応したテレビCMをはじめとしたプロモーション政策により，発売10年後には年間200億円の売り上げを達成したのである（表8-2）。

(4) ブランド拡張によるシナジー効果

　カルビーは，1964年に小麦あられの技術革新によって開発された「かっぱえびせん」をコア・ブランド（主力商品）とし，1972年に開発された「サッポロポテト」と，その2年後に発売された「サッポロポテト　バーベQあじ」などのバラエティに富んだ商品を発売し，これらの商品を「かっぱえびせん」のアンブレラ・ブランド（傘ブランド）商品として位置づけ，カルビーは本格的な成長期を迎えたのである。また，1975年に発売された「カルビーポテトチップス」はカルビーの成長期を牽引する第2の柱となるヒット商品となった。

　さて，広告で使用されるブランドは4つのパターンに大別することができる。①社名がそのままブランドとして認知され商品類に用いられる「コーポレート・ブランド（社名＝ブランド）」，②は社名などの統一的なブランドと個々の商品類にブランドをつける「ダブル・ブランド（コーポレート・ブランド＋個別ブランド）」，③はある事業におけるすべての製品ラインに同一のブランドをつける「アンブレラ・ブランド（ファミリー・ブランドとも呼ばれる）」，④は商品別に異なったブランドをつける「個別ブランド（単独ブランド）」である。

　これらのブランドのうち，わが国食品製造業界においては社名をブランドにするコーポレート・ブランドやアンブレラ・ブランドを多くの企業が採用してきた。これは戦後，商品知識の乏しい消費者が大企業の製品ならば安心といった消費者の購買に対応したマーケティング戦略であることはいうまでもないが，スーパーマーケットなどが採用した流通チャネルの多様化・複雑

化した時代背景のなかで，他社製品との差別化を図る信頼のマークとして定着してきたのである^(注17)。

　松尾糧食工業からカルビー製菓への社名変更は，同時に事業内容も甘味系菓子から塩味系菓子への変更を伴っており，この時期，カルビー製菓には顧客に対して持続的成長を実現していくうえで，外部環境の変化や自社の競争優位を的確に捉え，現在および将来において自社が行うべきドメイン（事業領域）を明確にすることが求められるようになった。そこでカルビー製菓は事業領域の変更を明確にし，企業イメージの転換を図るために「かっぱえびせん」という奇抜なネーミングを用いたものといえよう。さらにカルビー製菓は「かっぱえびせん」をコア・ブランドとし，「サッポロポテト」をアンブレラ・ブランドに位置づけることによって，スナックス菓子マーケットで確固たるポジションを確立したのである。さらに，後発企業としてポテトチップス市場に参入したカルビーは，すでにスナック食品マーケットでブランド・ロイヤリティが確立していた「カルビー」と「ポテトチップス」を併記したダブルブランドによって，ポテトチップスマーケットへの参入を容易にしたのである。

　成熟期を迎えている食品市場では，既存事業で蓄積してきた製造方法や効果的なマーケティング・ミックスなどの経営資源を有効活用できる経営および製品の多角化を志向し，企業の継続的な発展が可能となるような経営資源のシナジー（相乗）効果を追求する。このシナジー効果には製造施設や流通チャネルなどの相互作用のほかに，ブランドを共有することによるシナジー効果もマーケティング戦略にとって重要なものとなる。特にコア・ブランドのような圧倒的に強いブランドイメージは，他事業への進出や新製品発売における市場優位性を与え，ブランド拡張戦略として展開されるのである。

(注17) 木島実「加工食品企業の多角化とブランド戦略」『食品経済研究　第27号』日本大学生物資源科学部，1999年を参照のこと。

4．新製品の開発を重視したカルビー
　——キャラメルからスナック菓子へ——

　企業の新製品開発は，消費者ニーズの変化，社会経済環境の変化や市場の成熟期を乗り越えるために欠かせない重要な経営戦略である。

　経営戦略は多角化企業や海外で事業展開する企業などの個々の事業に関する「事業戦略」と，企業全体の方向性や方針に影響を与える「企業戦略」に大別できる。企業戦略はまず，ドメイン（どのような領域で事業を行うかを明らかにする）を明確にすることが必要であり，競争優位をもった技術，製品，流通チャネル，組織体制などの，コア・コンピタンス（自社の中核的強み）とするのかも明らかにしなければならない。カルビーの持続的な企業成長を支えた製品としては「かっぱえびせん」（1964年），「カルビーポテトチップス」（1975年），「フルーツグラノーラ（シリアル商品）」（1989年），「じゃがりこ」（1995年），「Jagabee」（2006年）などを挙げることができ，これらの製品はPLCにおける成熟期を迎えた製品（カテゴリー）の次世代を担う新製品として，概ね10年間隔で開発されてきた。

　1949年に創業し15年目（1964年）を迎えたカルビー製菓は，(1) 優れた製品の開発（①良質な原料の確保，②作業行程の標準化と品質管理），(2) 新たな流通チャネルとマーケティング戦略，(3) 組織体制とマネジメントの改革という，3つの課題[注18]に直面していた。(1) は新製品開発に関わる課題であり，この時期に経験した新製品開発に関わる課題の克服が多様な製品開発に繋がったのである。当時，「かっぱえびせん」は，製造日から日にちが経過すると油が痛んで香ばしさがなくなるという課題があった。(2) は新たな流通チャネルとマーケティング戦略に関わる課題である。カルビーはスナック菓子の鮮度政策として，製造工場を消費地に近いところに設置し，短

(注18) カルビー戦略グループ編集『前掲書』2008年，pp.26〜27を参照のこと。

いリードタイム（発注から納品までに必要な時間）で店頭に陳列することとした。そして新たな流通チャネルとして台頭してきたスーパーマーケットが導入した特売販売を支援するとともに，流通コストを低く抑えるために地域卸問屋との直接取引を実施した。また，マーケティング戦略としては商品回転率を高めることを目的に販売促進政策としてテレビCMを展開するなど，店頭での商品鮮度を維持するためのプロダクト・プランニング（製品計画）を実施した。(3)は組織改革に関わる課題である。これは企業の成長段階でみられるいわゆる「大企業病」といわれる課題であり，従業員数の増加，組織規模の拡大・複雑化によって組織意志の疎通が不十分になってしまい，結果的に経営の意思決定のスピードが遅くなったりして非効率的になったりすることである。カルビーは創業者による工場管理の一極集中から，分業体制へと組織改革を進めていったのである。

このようにカルビーは製品開発（製品革新），マーケティング戦略（マーケティング革新），組織改革（組織革新）という3つのイノベーションを推進し，特に10年サイクルで開発・発売されたヒット製品がイノベーション推進の原動力となってきたのである。

参考文献
土屋守章『現代経営学入門』新世社・1994年
小川孔輔『ブランド戦略の実際』日本経済新聞社・1994年
石井淳蔵・廣田章光編著『1からのマーケティング　第3版』碩学舎・2009年
井原久光編著『経営学入門　キーコンセプト』ミネルヴァ書房・2013年

第9章

日清食品の即席めんマーケティング

1．即席めんマーケットにおける日清食品のポジショニング

　マーケティングの手法がわが国食品業界に導入されたのは1955（昭和30）年代後半のことであり，その背景には1945（昭和20）年の終戦後，わが国の産業基盤が次第に回復し，企業の生産力拡大及び大量生産が進み，そのため販路開拓に新たな販売手法の導入という必要性があった。この当時，食品マーケット（市場）では国民所得の増加にともなう消費者のライフスタイルの変化に対応するために，「即席ポタージュ（1954年）」，「即席カレー（1955年）」，「即席めん（1958年）」などのインスタント食品が開発され，インスタント食品ブームにみられる食の簡便化時代を迎えたのである。1958（昭和33）年にわが国で初めて発売された即席めんは日清食品株式会社（現　日清食品ホールディングス株式会社）によって開発された「チキンラーメン」である。「チキンラーメン」がはじめて発売された食品市場ではライバル企業の存在はなかったが，数年後には約100社にものぼる即席めん製造業者が新規参入してきた。「チキンラーメン」の発売当時，即席めんは「製めん機と油さえあれば小さな業者でも即席めんの製造が可能」[注1]といわれており，製法が比較的容易であったことから，即席めんマーケットの黎明（れいめい）期には多くの企業が参入し，市場は飛躍的な発展を遂げたのである。その市場構造は参入企業による市場競争の結果，即席めん業界は大手即席めん製造業者数社を中心とした寡占市場（少数の売り手からなる市場）を形成してきた。

　近年における即席めんマーケットでの日清食品のポジショニングを市場全

（注1） 中島常雄『即席めん工業の発展過程』（財）食品産業センター，1978年，p.20。

体(企業数56社)の販売集中度(2012年度)^(注2)からみると、市場シェアの最も高い企業は日清食品の販売額1,933億円(シェア37.0％)であり、第2位が東洋水産の同1,170億円(同22.4％)、3位がサンヨー食品の同620億円(同11.9％)、4位がエースコックの同451億円(同8.6％)、5位が明星食品の同400億円(同7.7％)となっており、第1位の日清食品の市場シェアは第2位の企業に14.6ポイント以上を離している。

　また、製品カテゴリー別販売集中度をみると、袋めん市場でのトップ企業はサンヨー食品の360億円(シェア28.2％)であり、次いで日清食品の310億円(同24.3％)、3位が東洋水産の288億円(同22.6％)、4位が明星食品の88億円(同6.9％)、5位がハウス食品の67億円(同5.3％)となっており、サンヨー食品が第2位の日清食品を3.9ポイント上回るトップ企業に位置している。一方、カップめん市場では第1位が日清食品の販売額1,645億円(シェア41.6％)、2位が東洋水産の同860億円(同21.8％)、3位がエースコックの同425億円(同10.8％)、4位が明星食品の同312億円(同7.9％)、5位がサンヨー食品の同260億円(同6.6％)となっており、日清食品が第2位の東洋水産を19.8ポイントも上回るトップ企業に位置している。このように日清食品はパイオニア企業として即席めん市場におけるリーディングカンパニーの地位を確保している。

2．製品のバラエティ化による即席めんマーケットの確立

(1) 即席めんのフルライン戦略の構築

　インスタント食品ブームに端を発した即席めんマーケットでの新製品開発は、消費者の食スタイルやライフスタイルの多様化・個性化による需要増大によって、多くのめん類製造業者が即席めんマーケットに参入し、製品のバラエティ化とマーケットの拡大を推進していった。製品のバラエティ化は日

(注2) 日刊経済通信社『酒類食品産業の生産・販売シェア2013年度版』2013年12月より作成。

第9章　日清食品の即席めんマーケティング　　115

表9-1　日清食品の主なブランド商品と商品特徴

製品年次	ブランド名	製品特徴
1958.8	**チキンラーメン**	味付けタイプめん
1963.7	日清焼そば	焼きそばタイプめん
1964.8	スパゲニー	スパゲティタイプめん
1968.2	出前一丁	液体パック（ごまラー油）添付めん
1971.9	**カップヌードル**	カップタイプ（容器入りめん）
1976.5	日清やきそばＵＦＯ	皿型容器入り・湯切り法採用めん
1976.8	日清どん兵衛きつね	どんぶり型容器入りめん
1992.9	**日清ラ王（ラーメン）**	生タイプカップめん
1995.5	日清スパ王（スパゲティ）	生タイプカップめん
2000.4	日清名店仕込み　札幌すみれ	セブン・イレブンとの共同開発
	日清名店仕込み　博多一風堂	同　上
2002.10	日清具多GooTa	具に驚きのあるカップめん
2004.9	トップバリュ　醤油ラーメン５食パック	PB商品（ストア・ブランド）
2007.5	日清Chin	レンジ調理のボックス型カップめん

資料：日清食品の社史から作成。

清食品が1958年に開発した「チキンラーメン（袋めん）」の発売以来，同社が1971（昭和46）年に開発した「カップヌードル（カップめん）」，そして1992（平成4）年に開発した「日清ラ王（生タイプ即席めん）(注3)」を原点とし様々なタイプの製品発売が進み，袋めん，カップめん，そして生タイプ即席めんがそれぞれの製品カテゴリーを形成し，即席めんマーケットを確立してきたのである。日清食品では，製品がPLC（Product Life Cycle）における市場の成長期，成熟期を経てやがて迎える衰退期を予測し，新規需要を創造するような新しいタイプの即席めんや，従来の製品カテゴリーには属さない新製品を開発し，即席めんマーケットの成長を牽引してきたのである。その結果，近年までの即席めんマーケットは，①1958年に開発された袋入りタイプの袋めん市場，②1971年に開発された容器入りタイプのカップめん市場，そして③1992年の生タイプLL（Long Life）カップめんブームに始まる生タイプ即席めん市場を確立してきた。

（注3）1992年9月から発売され，2010年8月まで生産された初代「日清ラ王」は一般的なカップラーメンで採用されている乾燥めんではなく，レトルトパウチされた生タイプめんであった。日本で作られた長期常温保存可能な生タイプめんのカップラーメンであった。その後，高品質・高価格帯の競合商品が増加し，市場シェアが競争激化で年々低下し，2010年8月2日で生産を終了。2010年9月6日現在の「日清ラ王」（ノンフライめん）が発売された。

即席めんマーケットでは現在でも1年間に約400アイテム（品目）以上の新製品が発売されており，袋めん市場の成長期にはめんの味付方法，めんのα化の有無（デンプンはα化することによって糊化し酵素が働きやすく消化もよくなる），めんの乾燥方法，スープ味，めんの増量などの製法過程の違いによる新製品が導入され，即席めんマーケットの成長をもたらしたのである。またカップめん市場の成長期には，地域的嗜好に対応した地域限定製品の開発や具材の多様化，高価格・高級即席めん，健康食品志向製品，容器の多様化，ブーム製品（辛口ラーメン）なども発売されたのである（表9-1）。

日清食品では新しいめんの開発，めんの容量，具材のアイデア，ユニークなパッケージなどによる異なるタイプの製品を生産することによって，即席めん市場での競争優位（シェア）を高めるフルライン戦略を展開し，バラエティに富んだ製品を発売してきたのである。その結果，前述のように日清食品は全即席めん市場で37.0％（第1位），袋めん市場24.3％（第2位），カップめん市場で41.6％（第1位）を占め，それぞれ高いシェアを占めることとなった。

(2) フルライン戦略とブランドマネージャー制度の導入

日清食品ではフルライン戦略によって新製品を発売し，PLCの短縮化（市場での製品定着期間約3ヶ月）に対応するために，即席めんマーケットでの商品活性化の流れをリードし市場の活性化を図ってきた。こうした日清食品の製品開発力を一層強化させた制度の一つとしてブランドマネージャー制度[注4]がある。

ブランドマネージャー制度は1990年に導入された制度であり，この制度で

（注4）木島実『食品企業の発展と企業者活動―日清食品における製品革新の歴史を中心として―』筑波書房，1999年，p.166。
　　社内資料によると，2009年4月現在のブランドマネージャー制度のグループは次の通りである。第1グループ「カップヌードル　他」，第2グループ「どん兵衛　他」，第3グループ「チキンラーメン　他」，第4グループ「UFO　他」，第5グループ「ラーメン屋さん　他」，第6グループ「ラ王　他」，第7グループ「日清はるさめ・フォー　他」，第8グループ「GooTa　具多　他」，第8グループ「MD群」で構成されている。

は数人が1つのグループを組織し，各グループには2～3つの製品ブランドを専門に担当させ，各グループのトップであるブランドマネージャーを中心に，各グループが製品開発を競い合うことによって互いに開発力を高めていった。各グループのスタッフは，技術部門，営業部門，宣伝・企画部門からの出身者で組織されており，新製品の開発からマーケティング戦略，販売戦略，ブランド育成（継続的製品改良）などの職務を独立して行うグループである。別名，自社内ブランド間競争制度の導入は新製品開発数を1996（平成8）年度の85アイテムから，2004（平成16）年度からは毎年300アイテムを超えるまでに増加させたと言われている。

3．即席めんの"大衆食品"価格へ

日清食品の「チキンラーメン」の発売以来，即席めんマーケットでは市場規模の拡大に伴い多くの模倣（類似）的商品も発売されるようになり，新製品を市場に導入した先発企業の先駆的利益はその製造技術が業界内に一般化することによって，次第に消滅する時期を迎える。そこで先発企業は，先駆的利益を早期に吸収するために，新製品に対する消費者の情報不足をいち早く克服し，マーケットの拡大に努めなければならない。日清食品では，即席めんマーケットで新たなカテゴリーを形成した新製品ごとに**表9-2**に掲げたようなマーケティング・ミックスを展開してきた。マーケティング・ミックスには，製品政策（Product），価格政策（Price），プロモーション政策（Promotion），流通政策（Place）の4要素が含まれ，単語の頭文字をとって4Pまたは4P戦略と呼ばれている。

日清食品の4P戦略における価格戦略は，すでに述べた製品カテゴリーを形成したファーストエントリー商品（チキンラーメン，カップヌードル）や市場への導入が後発商品（日清ラ王）の場合も，比較的高額な価格を設定し市場に導入された。

一般的に新製品を市場に導入する場合，企業の価格設定戦略には大きく分

表 9-2　日清食品の新製品開発と 4P 戦略

Product	Price	Place	Promotion
〔袋めん〕 1958年 チキンラーメン	単価35円	総合商社 スーパー・マーケット	百貨店での試食販売会 新聞広告・テレビＣＭ
〔カップめん〕 1971年 カップヌードル	単価100円	自衛隊 カップヌードル専用自動販売機 スーパー・マーケット コンビニエンス・ストア	歩行者天国での試食会 テレビ番組スポンサー
〔生タイプ即席めん〕 1992年 日清ラ王	単価250円	生タイプめん対応自動販売機 スーパー・マーケット コンビニエンス・ストアに専用棚設置開発	ブランド名の二重商標 テレビＣＭの深夜ジャック

資料：拙著『食品企業の発展と企業者活動―日清食品における製品革新の歴史を中心として―』筑波書房・1999年より作成。

けて2つある。一つ目は新製品に高い価格を設定し，価格に対してあまり抵抗を感じない消費者層へ販売しようとする上澄み吸収価格戦略である。これは高い価格を設定することにより製品の効用が大きいことを示唆し，消費者にとって大きな価値ある商品であることを認識させるものである。二つ目は価格に対して比較的敏感な消費者層を考慮し，商品の価値を訴求することよりも価格を安くすることによって，商品の普及を図ることを目的とした市場浸透価格戦略である。

「チキンラーメン」の価格設定

　　6円対35円⇒戦後の新食品として発売された「チキンラーメン」の小売価格は，当時，うどん1玉が6円であったのに対し，1袋35円に設定された。

「カップヌードル」

　　25円対100円⇒1971（昭和46）年に発売された「カップヌードル」の小売価格は，当時の袋めん小売価格が25円であったにも係わらず，その価格は1食100円に設定された

「チキンラーメン」に対する流通業界からの評価は「袋に入っただけで，

今までの乾めんとどこが違うんや」,「うどん玉が6円ですよ。乾めんでも25円や。これでは商売にならん」という低い評価であった。また,「カップヌードル」に対する流通業界からの評価は「袋めんが25円で安売りされている時代に100円は高い」,「日本には昔から家族で食卓を囲み,いただきます,ごちそうさまと言う行儀のいい習慣があるのに,立ったままで食べるのは良風美俗に反する」という厳しいものであったと言われている。しかし,これらの商品の上澄み吸収価格戦略が可能になった背景には,まず第1に商品の新規性と品質の良さが挙げられ,第2に高価格商品の購入を可能にした国民所得の増加と当時のライフスタイルの変化があげられる。消費者が新商品の価値を認識するまでには時間を必要とするが,その認識は商品価値を訴求するプロモーション政策によって解消されるのであり,消費者が持っている高価格商品のイメージから,次第に"大衆食品"の価格であるというイメージに変化していったのである。

4．多様な流通チャネルとマス・マーケティング

マーケティングの目的は市場の創造と需要の喚起である。マーケティング戦略の仕組みや体系を考えた場合,そのターゲットは特定のニーズを有する消費者であり,目的達成の手段がすでに述べたマーケティング・ミックスである。ここでは日清食品の4P戦略のうち,新しい流通チャネルの開拓と,マス・マーケティングに対応したプロモーション政策について見ることとする。

(1) 新たな流通チャネルの開拓──総合商社・問屋から自動販売機──

1958年に発売された「チキンラーメン」の流通政策は流通チャネルの開拓のために総合商社との提携を行い,また1971年に発売された「カップヌードル」の流通政策は特徴的な販売方法として自動販売機という新たな流通チャネルを導入したことである。そこでまず流通チャネルの開拓からみることと

する。

① 「チキンラーメン」における総合商社との契約と問屋等の系列化

　日清食品ではチキンラーメンの発売1年後には，三菱商事，伊藤忠商事，東食の商社3社と販売契約を結び市場の開拓を進めた。チキンラーメンを発売するにあたって日清食品は当初，三菱商事と契約し，その後は東食，伊藤忠商事とも契約し，この3社が特約代理店となり，特約代理店から第1次卸店（全国約170店），第2次卸店（全国約3,000店），小売店という流通チャネルを1961年に本格的にスタートさせた。これによって，チキンラーメンは約20万店（このうち，約30％はスーパーマーケット）に達する小売店の店頭に並べられ販売されるという販売網が整ったのである。日清食品は三菱商事とは原料小麦粉の仕入れですでにつながりがあり，三菱商事にとってチキンラーメンの販売契約は，即席めんの普及に伴う小麦粉の販路拡大とラーメンを基盤とした食品事業の強化をもたらすものであった[注5]。

② 「カップヌードル」の自動販売機による販売

　当時，袋めんの販売方式は，一般小売店での対面販売に対して，スーパーマーケットでのセルフサービス方式という販売方式が主流であった。セルフサービス方式は昭和40年代（1965～1975年）に入り飛躍的に普及していったが，昭和40年代後半になると自動販売機による無店舗販売も登場してきた。カップヌードル専用の「お湯の出る自動販売機」第1号の設置は1971（昭和46）年11月のことであり，大手新聞社の本社内に設置され，夜勤の多い記者たちから歓迎され，設置当初から1日300食が売れたといわれる。お湯の出る自動販売機の主な設置場所は夜勤の多い放送局や，アウトドア商品のコンセプトにもとづいて駅舎，百貨店，野球場，遊園地などであった。このように「カップヌードル」は食品自動販売機の普及と相俟って流通チャネルを急

（注5）木島実『前掲書』筑波書房，p.181。

速に拡大し，新製品の価値の大きさを消費者に再認識させることとなった。自動販売機の普及がカップヌードルの新たな流通チャネルの一つとして構築できたのは，その当時の社会経済背景や若者のライフスタイルにマッチした市場性の他に，「カップヌードル」が容器包装（容器が食器を兼ねる商品）であり，調理済食品（めんや具材）を高度に一体化させた新しいタイプの食品であったという商品特性が消費者に認められたからである。

(2) スーパーマーケットの普及とマス・マーケティング戦略の推進

①スーパーマーケットの成長とテレビCMを中心としたプロモーション政策

わが国にスーパーマーケットが誕生したのは1953（昭和28）年のことであり，それ以降，1955年の40店，1957年の283店，1959年の1,036店，そして1961年には2,080店と急速に店舗数を拡大してきた。発売当初，際物的商品として多くの問屋から取り扱いを断わられていた「チキンラーメン」は，スーパーマーケットの普及による消費者ニーズの増加に伴い問屋でも取り扱われるようになり取引量も増加していった。

日清食品は，スーパーマーケットの発展と共に，マス・マーケティング戦略（大衆消費市場向け製品のマーケティング戦略）を展開し，スーパーマーケットにおける販売方式の特徴であるセルフサービス方式に注目し，それを有効に活用するための手段としてテレビCMをはじめとした広告を活用した。広告はマス・マーケティング戦略の4P戦略におけるプロモーション政策の一つのツールとして機能しており，自社製品の売上高や市場シェアの増大を目的に活用され，消費者の購買行動の絶えざる喚起を可能にしてきたのである。特に新製品のPLCの導入期では，新製品の情報を広く消費者に伝える広告や新製品の試用を促進するための販売促進（人的販売）活動などが特に有効な手段とされ展開されてきたのである。

②テレビCMに依存したマス・マーケティング戦略

マス・マーケットを対象とした大手食品企業では，新製品をいち早く市場

に定着させ，先駆的利益を確保するために他の経営戦略を有効に組み合わせたテレビCMに依存したマーケティング戦略が必要となる。大手食品企業の広告媒体はマスコミ4媒体（テレビ，ラジオ，新聞，雑誌）のなかでも，特にテレビ媒体の利用度が高いことが特徴としてあげられる。2013（平成25）年の食品業界（食品，飲料・嗜好品）におけるマスコミ4媒体別広告費比率は，電通が発行している『NEWS RELEASE』（2014年2月発行）に業種別広告費（マスコミ4媒体広告費）が集計されている。この資料によると，新聞15.9％，雑誌5.8％，ラジオ3.2％であるのに対して，テレビは75.1％となっており，テレビへの広告費投下比率が4媒体のうちで最も高い比率となっている。食品企業が行うテレビ広告は必ずしも広告の受け手が，直ちに購買行動を起こすことを期待しているのではなく，1回15秒程度のスポット広告[注6]を繰り返し行うことによる累積効果を期待しており，自社製品の情報提供やブランド・ロイヤリティ（ブランドに対する継続的認知）を高めることで，自社製品への指名買いを促進するプル戦略を展開しているのである。日清食品では4P戦略を有効に組み合わせたマーケティング・ミックスによって，先駆的利益を内部化し企業の持続的発展に成功してきた。この4P戦略では，テレビCMを中心とした広告を特に活発に展開してきたことが特徴的である。それは，日清食品の流通チャネル政策からも明らかなように，セルフサービス方式を採用したスーパーマーケットや自動販売機などの販売チャネルに依存している食品企業では，消費者の購買行動を喚起するうえでブランド・ロイヤリティの形成が不可欠であったからである。

（注6） 消費者に認知されるまでの具体的な手法の一つとして，広告宣伝が挙げられる。特にテレビCMにおけるスポット広告は，1回の放映時間が15秒程度の広告であり，一定の期間に何回も放映されることからその累積効果が期待されている。

5．日清食品における需要喚起とプロモーション政策

　新規性の高い新製品（Product）の発売には，4P戦略に基づいた価格設定（Price）を行い，消費者がそれを購買できる流通チャネル（Place）を整えるというだけでは不十分であり，消費者に対しその製品特性に係わる情報を積極的に伝達（Promotion）することによる需要の喚起が求められる。
　次に日清食品のこれまでの特徴的なプロモーション政策を見ることとする。

(1) 奇抜なキャッチコピーによるプロモーション政策

　日清食品の創業者で「チキンラーメン」の開発者でもある安藤百福は，即席めんマーケットの確立を可能にした理由として，その流通チャネルを支えたマスコミ媒体による広告を指摘している[注7]。1959（昭和34）年6月9日付朝日新聞の朝刊には「即席チキンラーメン―熱湯をかけるだけで，すぐ召し上がれる1袋35円―」というコピー（広告文案）が掲載されたが，これは即席ラーメンという新規商品に対する消費者認知度が低い状況のもとで展開されたものであり，それがやがて，"お湯をかけて2分間"とか"魔法のラーメン"などといった奇抜なキャッチフレーズが展開されてくると，これらのコピーがマーケット確立の第一歩となり「チキンラーメン」の認知度を高める訴求力を発揮した。販売促進を目的としたこれらコマーシャル・コピーは，1955年から1960年の間に本格的な展開を始めたスーパーマーケットの登場と連動する形で具体的に展開していった。テレビの普及が即席めんマーケットの形成にいかに寄与したかについて，中島常雄は「……重要なことは，新しい情報媒体であるテレビを充分に利用して簡便性という特性をチキンラーメンという商品名と結びつけて最終消費者にアピールし，潜在的な需要を

（注7）安藤百福『前掲書』1992年，p.116。いくつかの条件として，①大量販売ルートがあること，②パブリック・リレーションズ（広報活動）の手段が確立していること，③原材料，生産技術の条件，④市場の4つを挙げている。

現実化した」(注8)ことであると指摘しており，日清食品の社史にも「なによりも日清食品の名を日本全国に知らしめたのは，月額2,000万円を投じてのテレビCM戦略であった」(注9)とテレビ広告の効果が記されている。

　このほかに日清食品は東京オリンピックの開催を2年後にひかえた1962（昭和37）年7月に放送を開始した「オリンピックショー・地上最大のクイズ」や，1971（昭和46）年3月から放送がはじまった「ヤングOH！OH！」などのテレビ番組を1社で提供を行い，また日本食糧新聞社などの主催による「全国インスタントラーメン・コンクール」が1961（昭和36）年に大手百貨店で開催されることによって，チキンラーメン，カップヌードルをはじめとした即席めんマーケット全体の需要喚起が行われた。

(2) 日清食品の単独提供によるテレビ番組放送

　わが国初のカップめんである「カップヌードル」のプロモーション政策としては，1971年9月18日に始まった大手百貨店での販売員に対面販売や，同年11月21日の東京銀座の歩行者天国でのさまざまな演出を凝らしたパレードなどのイベントを上げることができ，それらがマスコミに話題となり，次第に話題豊富なマスコミ商品となっていった。また「"いつでも，どこでも"食べられる」，「アウトドア感覚」といったコピーは，屋外での食スタイルをイメージさせ，袋めんとは異なった製品特性をアピールすることに成功し，カップめんの製品カテゴリーが消費者に徐々に浸透し，需要が喚起されていった。特に前述した1971（昭和46）年3月から11年間にわたって日清食品のスポンサー1社単独提供により放送されたテレビ番組「ヤングOH！OH！」（若者に人気のあった視聴者参加番組）は，司会者がCMの時間帯を効果的に活用しカップヌードルの製品コンセプトをアピールすることにより，自社製品の商品ブランドをはじめ日清食品という企業ブランドの構築に大きく寄与したものといえよう。初期のテレビCMの特徴としては，一つの番組

(注8)　中島常雄『即席めん工業の発展過程』(財)食品産業センター，1978年，p.7。
(注9)　日清食品社史編纂室『日清食品社史―食足世平―』日清食品，1992年，p.72。

を1社(スポンサーとなる企業が1社)で提供していたので,現在と異なるスポンサーシップ(番組後援者)のかたちを生み出すことを可能にしていた。現在のテレビCMは複数のスポンサーが平等に広告を出稿(スポットCMは15秒の短編映像ではほぼ一本化)できるように広告の形式を規格化しているため,独自のスポンサーシップを発揮することが難しくなっている[注10]。

6．日清食品における経営戦略の柱―ブランド資産―

　即席めんマーケットの成長を牽引してきた日清食品の原動力は,新たな製品カテゴリーを形成してきた製品開発力と,新製品の販売に対応したマーケティング・ミックスが適切に機能してきたからである。マーケティング・ミックスは,何よりもターゲットとする消費者のニーズや購買行動にマッチしていなければならず,日清食品はセルフサービス方式を採用したスーパーマーケットや自動販売機などの流通チャネルにマッチしたマーケティング戦略を実践してきたのである。

　セルフサービス方式や無店舗販売方式では消費者に商品情報を伝達することが難しく,消費者の購買行動を喚起するためには消費者のブランド・ロイヤリティを維持することが不可欠である。日清食品ではブランド・ロイヤリティを維持ために,プロモーション政策のなかでブランド(商品名)を重視してきたのである。このことは新製品を効率的に開発するために導入したブランドマネージャー制度からも理解できるように,即席めんマーケットで構築されたブランドをブランド資産[注11]として経営戦略の柱としているのである。

(注10) 高野光平・難波功士『テレビ・コマーシャルの考古学―昭和30年代のメディアと文化』2010年, p.10
(注11) ブランド・エクイティ(Brand Equity)。ブランドを単なる商品名(商標)と考えるのではなく,顧客の心の中で作り出されているそのブランドに結びついた無形的な価値の総称。

参考文献

木島実『食品企業の発展と企業者活動―日清食品における製品革新の歴史を中心として―』筑波書房・1999年

和田充夫・恩蔵直人・三浦俊彦『マーケティング戦略〔第3版〕』有斐閣アルマ（有斐閣）・2006年

小川孔輔『マーケティング入門』日本経済新聞出版社・2009年

髙野光平・難波功士編『テレビ・コマーシャルの考古学―昭和30年代のメディアと文化―』世界思想社・2010年

第Ⅲ部
調査手法編
(リサーチ手法編)

第10章

マーケティング・リサーチの概要

　マーケティングの標準的な教科書では，マーケティング・リサーチの章は，マーケティング環境の次に配置されている場合が多い。このことからもわかるように，マーケティング・リサーチは，マーケティング活動を行うマーケターが考慮すべき要因のうち，日常的に関わっている取引業者，競争業者，顧客などのミクロ環境や，ミクロ環境全体に影響を与える，経済，社会，文化，政治などのマクロ環境をリサーチ（調査）することに他ならない。このように，マーケティング・リサーチの対象は，ミクロ環境からマクロ環境までの幅広い分野が対象になる。マーケティング活動は，顧客のニーズを把握して製品（サービスを含む）を開発し，その価値を消費者に提供するという一連の組織的な活動であることから，それらの環境の中で最も重要なのは，マーケティング活動の起点でもある顧客ということになる。そのような意味で，マーケティング・リサーチは，マーケターが顧客を知るために行う活動ともいえる。

　以下の6つの章では，マーケティング・リサーチの基本的な考え方や計画の作成からそこで使用される様々な手法を学んでいきたい。

1．マーケティング・リサーチの定義

　マルホトラはその著書の中で，「マーケティング・リサーチとは，マーケティングにおける課題と機会の特定と解決にかかわる意思決定を改善するために，情報を体系的かつ客観的に特定，収集，分析，伝達／普及，利用することである」と定義している。既に述べたように，マーケティング・リサー

チはマーケティング活動を進める上で重要な活動であるが，マーケティング活動自体がPlan-Do-Check-Actionという一連の活動（マネジメントサイクル）であることから，消費者の新たなニーズを探るといった「機会」だけでなく，これまでの活動の結果である顧客の反応から「課題」を把握し，今後のマーケティング活動における新たな「意思決定」を支援する活動ということができる。また，マーケティング・リサーチは，必ずしもマーケターが自ら実施するのではなく，第三者に委託することも多い。そのため，受託者が実施した結果は依頼者であるマーケターが納得できるような「客観的」なものでなくてはならない。

　一般に大企業等では，マーケティング・リサーチをリサーチ会社に委託することが多いが，農産物などのマーケティング・リサーチにおいては，農協等にマーケティング・リサーチに詳しい職員がいないなどの理由から外部に委託することも多い。それならば，マーケティング・リサーチを学ぶ必要があるのは，リサーチ会社の社員だけでいいことになる。しかし，マーケティングを外部に委託する場合でも，マーケティング課題の特定と結果の解釈，意思決定への反映を検討するのは依頼者であり，結果をより有効な意思決定につなげるためにも，依頼者がそのリサーチの内容を深く理解する必要がある。また，マーケティング・リサーチは一定の予算の制約の中で行っている活動である。担当者がリサーチに習熟していれば，調査表の作成や，調査結果の集計や分析を自ら担当することにより，リサーチのための費用を削減したり，その分だけ調査対象を増加させるなど，予算を有効に利用することもできる。

2．リサーチデザイン

(1) リサーチデザインとは

　リサーチデザインとは，マーケティング課題や機会を特定，解決するために必要な情報を体系的に得るための手順である。情報を入手するにはデータ

を収集する必要があるが，データを収集すればそれが情報になるわけではない。収集されたデータを分析，解釈してはじめて課題や機会の特定，解決に有効な情報となる。データの収集方法や分析方法は，どのようなリサーチの課題等を解決するのかということや，課題に関するリサーチャーの情報入手の程度とも密接に関連している。全く新しい分野の課題に取り組もうとする場合には，直接消費者にアンケートをしようとしても，何から聞けば良いかといったこともわからない場合も多い。したがって，リサーチデザインとは，課題等の内容やリサーチャーが既に入手している情報量に応じて，最適なデータの収集方法と分析方法の組み合わせを検討することである。

また，マーケティング・リサーチは，マーケティング活動の一環として実施するものである。その意思決定にマーケティング・リサーチの結果を反映させるには，一定の時間の制約のもとでリサーチを実施しなければならない。また，同様に一定の費用の制約のもとでもリサーチを実施しなければならない。それらの点からも，課題に応じて最適なデータ収集方法と分析方法を選択するリサーチデザインが重要となる。

(2) リサーチの種類

マーケティング・リサーチは探索的リサーチと検証的リサーチに大きく分けられる。探索的リサーチは，マーケティング課題に関するヒントになるようなアイデアを発見したり，理解を深めるために実施するリサーチである。検証的リサーチは，仮説の検証と因果関係を調べるために実施するリサーチである。検証的リサーチは，市場の特性や機能を記述する目的で実施する記述的リサーチと，マーケティング活動とその結果の因果関係を決定する目的で実施する因果的リサーチにさらに分類される。**表10-1**は，各リサーチの特徴を整理したものである。

探索的リサーチでは，必要な情報も不明確であるため，そのリサーチプロセスでは，質問紙の結果を集計して統計分析するような構造化された方法は採用されず，インタビューなど柔軟な方法が採用される。それに対して検証

表10-1 リサーチの種類

	探索的リサーチ	検証的リサーチ	
		記述的リサーチ	因果的リサーチ
目的	アイデアと理解	市場特性や機能の記述	因果関係の決定
必要な情報	不明確	明確	
リサーチプロセス	柔軟で非構造化	柔軟でなく構造化	
サンプル	サイズ小さく代表性ない	サイズ大きく代表性ある	
データ分析	定性的	定量的	
結果の性質	試験的	検証的	
結果の取り扱い	検証的リサーチの実施	意思決定の情報として使用	
用途	仮説の発見 問題を正確に捉える 次に行うリサーチの特定化 コンセプトの明確化	仮説の検証 特定集団の特性を記述 特定の行動パターンの集団の割合の推定	仮説の検証 因果関係に関する証拠
方法	二次データ分析 専門家調査 パイロット調査 定性調査	質問調査 パネル調査 観察調査 二次データ分析	実験室実験 フィールド実験

的リサーチでは，必要な情報も明確であり，リサーチプロセスも質問紙を使用するなど構造化されている点に違いがある。探索的リサーチでは，少数の調査を対象にインタビュー調査が行われる場合が多く，調査対象者はリサーチ課題が想定している対象者の厳密な意味での代表者として選定されているわけでは必ずしもない。そこで収集されるデータも，インタビュー結果の文章などのテキストデータであり，それら定性的なデータを分析して課題に関する仮説の発見や予備的な結果を得るものである。一方，検証的リサーチでは，課題が想定する多くの対象者に質問紙を配布し，その選択肢の番号や具体的な数字などから収集された定量的なデータを用いて仮説の検証が行われる。以上のことから，探索的なリサーチは，意思決定への具体的な回答を得るために行う検証的リサーチを実施するための情報を得るために実施するリサーチという側面もある。

　リサーチの方法は，探索的リサーチでは，図書や雑誌などの文献，統計書などの二次データ分析，専門家へのインタビュー調査，調査対象から少数のサンプルを抽出して実施するパイロット調査，個別・集団インタビューなどの定性調査などが用いられる。記述的リサーチでは，調査対象者に質問紙を

用いて実施される質問調査，あらかじめ依頼したパネラーを対象者として調査を実施するパネル調査，調査対象者には直接コンタクトしないで調査員の観察によりデータ収集する観察法などがある。因果的リサーチは，実験により調査が実施されるが，模擬的な店舗などを作成して消費者の行動からデータを収集する実験室実験，実際の店舗での販売方法等の変更に対する消費者の行動からデータを入手するフィールド実験などがある。

農産物直売所に関する様々なリサーチ課題を以上で述べたリサーチの種類に対応させると以下のようになる。

探索的リサーチ：直売所に対して消費者がどのようなニーズをもっているかを調べたい。

検証的リサーチ：直売所に来る消費者のうち安全性や鮮度を重視する消費者がどの程度いるか調べたい。

因果的リサーチ：直売所の農産物の配置を変えて，売上げがどのように変化するかを知りたい。

---

(3) リサーチの手順

マーケティング・リサーチを実施するためには，まずリサーチ計画書を作成する必要がある。リサーチはその計画に基づいて実施することになる。リサーチデザインが決まれば，リサーチ計画書の作成に必要なデータ収集方法やデータ収集形態（質問調査でも面接，郵送，インターネットなど様々な形態がある），サンプルの抽出方法，データ分析方法などの基本計画はきまるので，あとは細部の検討事項を決めればリサーチ計画書を作成することができる。しかし，リサーチデザインを作成するためには，まずリサーチ課題の明確化が前提となることはいうまでもない。リサーチ課題がリサーチの種類の選択と密接に関連しているからである。また，リサーチデザインと，費用や日程計画との調整も早い段階で行う必要がある。マーケティング活動はマ

ーケティング予算に基づいて実施されている。様々なマーケティング予算の費目の中の一つがリサーチ費用であり，マーケティング・リサーチはそのような予算的な制約のもとで実施しているのである。予算制約は，調査方法の選択の際にまず配慮しなければならない事項となる。また既に述べたように，マーケティング・リサーチはマーケティング活動における意思決定に反映させるものであるから，その意思決定をいつしなければならないかというタイムリミットが常に存在する。いくら良い調査を実施しても，マーケティングの意思決定の期限に間に合わなければ意味がないのである。

　リサーチ計画書は，リサーチを実施する目的，リサーチデザイン，調査日程，費用などをまとめた文書である。この計画書はリサーチを依頼されたリサーチ企業が作成して依頼者に提出する資料であることはいうまでもないが，自らリサーチを実施する場合もリサーチの予算要求のための基礎資料やマーケティング・リサーチの実施に関わる関係者のマニュアルとして活用される重要な文書である。忙しい場合にも，面倒だからといって作成しないで実施することのないよう心がけたい。マーケティング・リサーチは一回行ったらそれで終わりということはない，計画書があればその計画内容を実施結果で評価することができ，その評価結果を次のリサーチに活かすこともできるのである。

　リサーチ計画書は決まった様式があるわけではないが，概ね以下のような内容が含まれている必要がある。グループ・インタビューを行ってその結果をもとに質問紙調査をするといったように，探索的リサーチと記述的リサーチを組み合わせた複数の調査を実施する場合には，リサーチごとの目的を4－1の前に追加し，リサーチごとに調査の方法を記述する。

1．サマリー
2．背景
3．目的（課題の定義）
4．調査の方法（リサーチデザイン）

4－1　探索的・記述的・因果的リサーチの組み合わせ
　4－2　調査対象（地域，範囲，サンプリング）
　4－3　データ収集方法
　4－4　調査項目
　4－5　データ分析方法
5．結果の報告（報告書の記載内容）
6．調査日程
7．調査費用

3．データ収集方法

(1) データの種類

　マーケティング・リサーチで収集されるデータには一次データと二次データがある。一次データと二次データの違いは**表10-2**に示すとおりである。一次データはマーケティングの意思決定者の問題解決を目的として新たに収集されるのに対して，二次データは意思決定者以外の問題解決を目的に収集されたものである。主な二次データは新聞，雑誌，図書，統計書，ホームページなどのように，マスコミや公的機関が一定の読者を対象に収集し公表された有償，無償のデータである。このような二次データは，図書館やインターネットで入手することが可能な場合が多く，収集は容易で短期間に入手することができる。一方，一次データは自分で収集したりリサーチ会社に依頼

表10-2　一次データと二次データ

	一次データ	二次データ
収集目的	意思決定者の問題解決	他の問題解決
収集プロセス	困難	容易
収集時間	長い	短い
収集コスト	高い	比較的低い
データ	最新	古い

しなければならず，データ収集が容易ではないだけでなく，調査期間も長くなる。また，二次データは無償で提供されるものも多く，収集のための費用はかからないが，調査から公表までの時間がかかるため収集したデータが古い場合も多い。一方，一次データは自分で収集するので収集のための費用はかかるが，最新のデータが入手できるという利点がある。

自らリサーチを行って収集する一次データが，意思決定者の目的に最も適応したデータといえるが，予算的な制約や時間的な制約を考えると必ずしも一次データの収集が万能なわけではない。二次データの特徴を把握した上でそれらをうまく活用することがマーケティング・リサーチでは不可欠である。

(2) 二次データ

二次データは内部二次データと外部二次データにさらに分類される。内部二次データとは，リサーチの結果を利用する組織の内部で所有しているデータであり，外部二次データとは，外部の組織が無償あるいは有償で提供するデータのことである。以下では，外部二次データと内部二次データに分けてその利用について述べる。

1) 内部二次データ

内部二次データは意思決定主体の組織が所有しているデータであり，費用もかからずすぐ利用することができることから，マーケティング・リサーチを実施するにあたって，はじめに収集を検討するデータである。そのデータには，以下に述べるようなデータがある。

---

①マーケティングの実施記録
②セールス記録
③損益記録
④流通情報（販売実績）
⑤顧客情報（購買記録，顧客アンケート記録，クレーム記録）

①は組織がこれまでに実施したマーケティングに関する記録やその際に実施したマーケティング・リサーチの報告書などである。過去に実施したリサーチの報告書は，内部二次データの中でもとくに重要なデータである。また，②は，営業マンが会社に報告する日報などである。③④は，通常の経営活動の過程で発生するデータであり，数量的な分析を行うこともできるのが特徴である。売上の変化など，マーケティング・リサーチの課題に気づくのもこのデータからである場合も多い。⑤は，組織のマーケティング活動の起点となる顧客とのコミュニケーションの過程で入手したデータである。顧客情報には顧客リスト，購買記録，顧客アンケート結果やクレーム記録などがあり，いずれも貴重な内部二次データである。

このように，組織内部にはマーケティング・リサーチに活用できるデータはたくさんある。しかし，それらのデータは，報告書などを除けば日々蓄積され，一定期間を置いて廃棄されることが多い。だからといって，それらのデータを後から利用することができるようにデータベースとして全て保存するのも，コストがかかるため非現実的である。廃棄された過去の記録等は，担当者などへのインタビュー調査により，一次データとして事後的に収集することもできるからである。ただし，廃棄するまでの間のそれら内部データは，リサーチ担当者が利用しやすいように整理しておいた方がよい。

2）外部二次データ

外部二次データとしては，刊行物，インターネットのWebサイト，データ販売サービスなどからデータを収集することができる。その内容は以下に示すとおりである。

---

①刊行物
　種類：新聞，雑誌，単行本，報告書，統計書
　入手先：一般書店，政府刊行物サービスセンター，都道府県庁の行政資料室，中央官庁の統計資料室，図書館

②Webサイト
　中央官庁：総務省内閣府（世論調査），総務省統計局（家計調査など），財務省（貿易月表），経済産業省（工業統計，商業統計など），農林水産省（各種農業統計），各省庁の審議会・委員会・研究会の会議資料
　図書館：大学図書館・国立国会図書館・公立図書館の検索サービス
　書店：一般書店，通販書店（アマゾンなど），古書店（日本の古本屋など）の検索サービス
　企業・団体：各企業，業界団体のWebサイト
　新聞社：各新聞社の検索サービス
　調査会社：マーケティング・リサーチ結果の概要紹介
　検索エンジン：Google，Yahooなど
③データ販売サービス
　調査会社が提供するパネルデータ

　刊行物は，古くから利用されてきた二次データの入手形態である。新聞には一般紙と専門紙，雑誌にも一般雑誌と専門雑誌があるが，バックナンバーは現物，縮刷版，マイクロフィルムの形で図書館で利用できる。また，報告書や統計書は図書館でも利用できるが，都道府県庁の行政資料室や中央官庁の統計資料室を利用すると効率的にデータを収集できる。これら刊行物の形態の二次データも次に述べるWebサイトの検索サービスと併せて利用することにより，その収集の効率は著しく向上する。
　Webサイトによる二次データ収集は，現在では中心的な二次データの収集形態となっている。その理由は，国や都道府県の情報公開が進んだことと，それらの情報提供がWebサイトを介してなされていることと，経費を削減するために統計情報を冊子で提供するのをやめてWebサイト上に公開する場合が増えたためである。また，情報公開により各省庁の審議会，委員会，研究会の会議資料がWeb上に公開されていることも多い。出席した委員のために用意された最新の調査データが添付されている場合も多いので，マー

ケティング課題に関連した委員会等が開催されているかどうかを確認しておく価値は十分ある。

先に述べたように刊行物から二次データを入手する場合も，図書館や書店のWebサイトの検索サービスの利用が便利である。大手の調査会社は顧客獲得のために，過去に実施したマーケティング・リサーチ結果の概要を公開している企業も多い。また，検索エンジンもマーケティング・リサーチ課題に関連した様々な情報を多方面から収集する上で，きわめて有効な情報を提供する。ただし，統計データ等は古いものが混在したりするので，利用にあたっては統計データの出所の官庁のWebサイトで確認する必要がある。

データ販売サービスは，調査会社の消費者パネルがスーパーマーケットで購入した商品等のデータを消費者の属性などのデータとともに販売するものである。近年では，テレビの視聴データとハンディー・スキャナーを利用した家庭の商品購入データを組み合わせたシングルソース・データシステムによるデータ提供を行う調査会社もある。それらのデータは高価ではあるが，テレビCMの効果を計測する用途などで利用されている。これらは，新たに調査会社に依頼して調査する一次データと異なり，過去に蓄積したデータを利用できるので，購入後直ちにデータ分析が可能な点に特徴がある。

(3) 一次データ

1) データの種類

一次データの収集では様々な手法が用いられるが，消費者を対象としたリサーチでは概ね以下のような内容のデータが収集される。最も多く用いられている質問法で，それらのデータを収集するためにどのような質問紙が作成されるかは，第13章の質問紙の作成で詳しくふれる。

---

①人口学的特性・社会経済特性：年齢，性別，学歴，職業，婚姻，収入
②心理学的特性・ライフスタイル特性：パーソナリティー特性（支配性，友好性，社交性），生活様式

③態度・意見：態度（選好，傾向，見方，感情），意見は態度を言葉で表現したもの
④知名・知識：製品，製品の特徴，店舗，価格，メーカー，生産地，使用目的，方法
⑤意図：購買意図
⑥動機づけ：何が購買行動を導くか
⑦行動：購買行動，使用行動（4W1H）

①から③のデータは，個人の人口学的・社会経済的特性や心理的特性などによって，④以降の消費者の行動がどのように変化するかを把握するために入手するデータである。消費者の行動の背景をより深く知るために欠かせないデータであり，マーケティングではマーケット・セグメンテーション（市場細分化）の指標として利用される。一般的には年齢，性別や所得など人口学的・社会経済的特性が利用されるが，人口学的・社会経済的特性と個人の性格などによって形成されたライフスタイルや特定の事柄に関する態度の違いが消費者の行動を理解する場合に有効である場合も多く，消費者の行動に直接関わりないが，それらのデータも人口学的・社会経済的特性に関するデータとともに収集される場合が多い。

2）収集方法

データの収集方法は，大きく分けて調査対象と直接・間接に対話するコミュニケーション法と観察法に分類される。コミュニケーション法はさらに面接法，質問法及びその他の方法に分類される。

①コミュニケーション法
　a．面接法：集団面接（グループ・インタビュー），個別面接（ディテイルド・インタビュー）
　b．質問法：郵送法，電話法，インタビュー法，オンラインによる方

法
　　c．その他の方法：CLT，ギャングサーベイ，STM，テストキッチン，HUT
②観察法：タウンウオッチング，ホームウオッチング，店頭観察調査，通行量・来街者調査

　面接法のグループ・インタビューは通常特定会場で行われるが，ディテイルド・インタビューは調査者が被調査者の自宅や職場などを訪問し，より臨場感のある状況でデータ収集が行われる。探索的調査の専門家調査などもこの方法の中に含まれる。面接法においては，質問紙を使用しないで簡単なインタビュー・ガイドに基づいて聞き取り調査が行われる。
　質問法は，質問紙を用いて調査する方法で，一次データの収集の中では最も多く利用されている手法である。質問法には，被調査者へのコンタクトする方法として，郵送，電話，インタビュー，オンラインによる方法がある。表10-3はそれらの方法の長所と短所をまとめたものである。郵送による方法は，質問者の能力に依存することが少ないため，柔軟性，データ収集速度や回答率が低いという問題はあるが，これまで最も多く利用されてきた方法である。電話法は，電話帳をサンプリング・リストとして利用できるため，被調査者との連絡が取りやすく，サンプルのコントロールにも優れ，データ収集の速度も早いことから，郵送法に代わって利用されることが多い方法で

表10-3　コンタクト方法の長所と短所

	郵送	電話	インタビュー	オンライン
柔軟性	劣	良	最良	良
データ量	良	中程度	最良	良
インタビューアのコントロール	最良	中程度	劣	中程度
サンプルのコントロール	中程度	最良	良	最良
データ収集速度	劣	最良	良	最良
回答率	劣	劣	良	良
費用	良	中程度	劣	最良

注：Armstrong G. and P. Kotler, Marketing an introduction, 9th ed., Prentice-Hall, p.107.

ある。インタビューは質問紙を用いて実施する個別面接であり，インタビュー法は柔軟性や収集するデータ量も多く，質問者の能力に依存することや費用の面で他の方法に劣っている。近年，これらの調査をめぐる環境が大きく変化している。インタビュー法では，夫婦共働きなどの場合のように，被調査者とコンタクトすることが困難な場合が多くなっている。また，インタビュー法や郵送法のサンプルのリストとして利用される住民基本台帳や選挙人名簿の閲覧は，市区町村の個人情報保護の視点から許可されなくなっている。電話法においても，サンプリング・リストである電話帳に名前の記載を拒否する利用者も多く，携帯電話の普及に伴い固定電話を持たない若者も多いことから，掲載者の偏りが問題となる。

　このような郵送法，電話法，インタビュー法における調査環境の悪化に伴って，近年利用が急増しているのがオンラインによる方法である。これらは調査会社のインターネットのWebサイトを利用して実施される調査である。Web調査は，サンプルのコントロールやデータ収集速度，費用の面でも優れる方法である。郵送法や電話法では利用が制限される写真などの利用も容易であるという特徴もある。Web調査は，リサーチ会社に登録されたパネル（モニター）からサンプルを選択して実施する方法と登録されたモニターに対して回答を公募する方法があるが，費用面で後者が多く利用されている。被調査がインターネットを利用することができる者ということで，サンプルの偏りも懸念されるが，インターネットの普及が顕著であることや大手のリサーチ会社に登録されたモニター数が100万人を超える場合もあることなどから，それらはあまり大きな問題とはならなくなっている。データの収集は，はじめに年齢，性別，地域などのスクリーニングの質問を配置した調査票で公募し，回答者が予定の人数に達した段階で公募を打ち切るといった形で収集される。収集されたデータは，エクセルなどの表計算ソフトに入力され，約1週間程度で依頼者のもとに届けられる。

　その他の方法としては，実際の企業のマーケティング・リサーチの現場で用いられている方法を集めている。それらの方法は，基本的には面接法，質

問法，両者の組み合わせなどでデータ収集されるが，被調査者に直接商品を見せたり試食してもらうなど，より実際の消費や購入の場面に近い状況を設定してデータ収集を行う点に特徴がある。CLT（Central Location Test），ギャングサーベイ，STM（Simulated Test Marketing），テストキッチンは何れも会場で行う調査である。CLTは会場で複数の被調査者を対象として行う個別面接であり，ギャングサーベイは会場に集まった被調査者に商品のパッケージやサンプルの試食をさせながら質問紙やコンピュータを用いてデータ収集する方法である。STMは，実際のスーパーの陳列棚などに他社の商品も並べた模擬的な売り場を作成し，新製品をそこに陳列して消費者の反応を確かめる方法である。テストキッチンは，調理器具の完備した会場で行う試食テストのことである。これらの方法は単独で行うだけでなく，実施前後に面接法，質問法などのデータ収集も併せて実施する場合が多い。HUT（Home Use Test）は，商品を郵送し，家庭で一定期間使用してもらい，その使用結果を質問紙等で回答してもらう商品テストのことである。会場で実施する調査に比べ，長期間の使用調査も行うことができる点に特徴があるが，この手法も，他の手法と同様に実施前後に面接法や質問法などの調査を組み合わせてデータ収集が行われる。これらの手法は，実際の店舗を用いて実施することも可能であるが，新製品の開発について他社にその情報が漏れては困るような場合に実施するものである。

　観察法は家庭内，街頭，店内での消費者の行動を写真，ビデオ，目視で観察する方法である。探索的リサーチでマーケティング・リサーチの担当者が実際に現場を直接観察するような場合には問題ないが，検証的リサーチで複数の調査員を用いて目視で実施する場合は，調査員による判断の違いが生じないように，事前に記録作業の標準化を行う必要がある。

参考文献
D.A.アーカー他『マーケティング・リサーチ』白桃書房・1981年
上田拓治『マーケティングリサーチの論理と技法』第4版，日本評論社・2010年
二木宏二・朝野煕彦『マーケティング・リサーチの計画と実際』日刊工業新聞社・

1991年

マルホトラ　ナレシュ・K，小林和夫（訳）『マーケティング・リサーチの理論と実践　理論編』同友館・2006年

第11章

定性調査

　定性調査は，探索的なリサーチで多く用いられる調査である。探索的なリサーチは，検証的リサーチの実施にむけた準備段階の調査という側面もあるが，グループ・インタビューで仮説を立て，それを質問紙調査で検証するという，仮説検証型の調査の枠組みにとらわれる必要は必ずしもない。二木・朝野（1991）が指摘するように，仮説検証型の調査は，とかく自由な発想を押さえがちになる。検証可能性ばかり気にしていては，探索的リサーチで新たな仮説の発見も難しくなるからである。日本では，農産物や食品市場が飽和状態にある中で，海外からの輸入品も増加しており，国内においては特徴のある新たな農産物や食品の開発が必要となっている。そのような意味で，マーケティング・リサーチにおける定性調査の重要性は高まっている。

1．定性調査の特徴

　定性調査とは，収集される一次データが定性データの調査のことである。定性データとは，数値などにコード化できないデータであり，音声，画像，文章などで記録されたデータである。データとしては手書きの文章やコンピュータのテキストデータとして記録されることになる。定性データという点では，二次データの収集における社内の報告書，セールス記録，消費者のクレーム記録などの内部二次データ，刊行物やWebサイトのブログなどの外部二次データも同様である。また，一次データの収集の際には，記述的リサーチの質問法の自由記入欄や観察法の観察記録，写真，ビデオなどの形で定性データが収集される。

表11-1 定性調査と定量調査

	定性調査	定量調査
目的	行動の根底にある理由や動機の理解と仮説の発見	サンプルの調査結果を母集団全体へ一般化
サンプル	少数で代表性がない	大規模で代表性がある
データ	非構成的	構成的
データ分析	非統計的	統計的
成果	初期段階における課題への理解を深める素材を提供	最終段階における意思決定の判断材料を提供

　定性調査と定量調査の特徴を整理すると**表11-1**のようになる。定量調査の調査目的は，収集したデータを定量化して，サンプルからの調査結果を母集団のものとして一般化するのに対して，定性調査は消費者の行動の根底にある理由や動機の理解と仮説の発見を目的に実施する調査である。したがって，定量調査では代表性を高めるため，大規模なサンプルを用いて質問紙など構成的なデータ収集を行い統計的なデータ分析を行うのに対して，定性調査は少数のサンプルを用いて面接法など非構成的なデータ収集を行い，非統計的なデータ分析を行う手法といえる。調査結果は，定量調査がマーケティング課題に関する意思決定の判断材料を提供するのに対して，定性調査は，マーケティング課題に関する初期段階での理解を深める素材を提供するものである。定性調査のサンプルの少なさは，調査費用が少ないことにもなるので，定性調査はマーケティング・リサーチの初期の段階に実施される探索的リサーチに最も適した手法ということができる。

　定性調査の分析は，少数のサンプルを非構成的なデータ収集を行い非統計的方法により分析するということになるので，定量的調査以上に調査者の力量がその成果を大きく左右するということになる。したがって，調査者は定性調査を行う前に，二次データの分析などにより，マーケティング・リサーチ課題に関する理解を深めておくことがきわめて重要である。そのような調査者個人の能力の差を少しでも小さくする意味でも，過去のマーケティング・リサーチの計画書や報告書などを通じて調査のノウハウ（技術的知識）をマーケティング・リサーチを行う組織内で共有できるような取り組みが必要となる。

2．定性調査の種類

定性調査は，調査目的を隠さない直説法と調査の目的を隠す間接法に大別される。それぞれの手法で用いられる方法は，以下に示すとおりである。

---
①直接法（調査の目的を隠さない）
　a．集団面接（グループ・インタビュー）
　b．個人面接（ディテイルド・インタビュー，ラダリング）
　c．観察法
②間接法（調査の目的を隠す）
　a．投影法：連想法，完成法，構成法，第三者技法
　b．観察法

直説法には通常5人以上の被調査者を対象に実施される集団面接と1人を対象に実施される個人面接がある。集団面接は，グループ・インタビュー(GI)あるいはフォーカス・グループ・インタビュー（FGI）とよばれ，定性調査の中で最も利用されることの多い手法である。通常，会場に被調査者に集まってもらい，司会者がインタビューの司会をしながら被調査者の自発的な意見を引き出し，定性データとして記録する調査である。

ディテイルド・インタビューは被調査者と調査者が1対1で実施するインタビュー調査である。二次データ分析やグループ・インタビュー，観察法の分析結果をより詳しく知りたい場合や，グループ・インタビューのような多くの人の前では話題にしにくいような課題を扱う場合にもこの方法が利用される。個人面接で近年マーケティングの現場で多く利用される手法として，ラダリングがある。ラダリングは，商品の基本属性に関する質問から出発して，商品に関するより上位の価値構造を分析する手法である。定性的データの収集の過程で，グループ・インタビューやディテイルド・インタビューな

どの方法と異なり，構成的な方法を使用するため，インタビューアーの経験による結果の差も少なく，得られる結果の分析でも定量型的分析が可能であるため，広告の分野などを中心に広く利用されている手法である。

　観察法は既に述べたような観察によるデータ収集法であり，直説法，間接法ともに用いられる。家庭内や店舗で消費者に密着してその行動を観察する場合のように，被調査者の調査協力への了承が必要な場合は直説法となるが，店舗調査で離れた場所からの目視やビデオカメラによる観察を行う場合は間接法となる。

　調査目的を隠す間接法には，心理学の分野で開発された投影法とよばれる手法が用いられる。投影法には連想法，完成法，構成法，第三者技法など様々な手法がある。これらの手法は本来的には，個人面接で調査する手法であるが，近年，テキストデータを分析する手法であるテキストマイニング手法のソフトウェアが開発されたこともあり，質問紙調査の質問項目の中でこれらの手法を用いた設問を用意して調査が行われることも多い。

　以下では，グループ・インタビューを中心により詳しく定性調査の手法について説明する。

3．グループ・インタビュー

(1) インタビューの準備

　グループ・インタビューのリサーチ計画書は，通常のリサーチ計画書と大きく変わることはないが，計画書に盛り込む事項や日程表を作成する上で必要となる項目は以下の通りである。

- インタビュー・ガイド（フロー）の作成
- インタビューのグループ構成
- 対象者のリクルート方法
- 司会者，記録者，受付者の決定

・インタビュー会場，待合室，モニター室の場所と配置
・使用機材，展示物，試食物の準備
・受付の名札，飲み物，謝礼等の準備

　インタビュー・ガイドの作成のためには，事前に二次データ分析を通じてリサーチ課題を明確にするとともに調査仮説を立てる必要がある。それらリサーチ課題に関する仮説をもってガイドを作成することが重要である。インタビュー・ガイドはインタビュー・フローともよばれる。インタビュー・ガイドは，司会者がこれを用いて司会進行するため，通常1ページか多くても裏表で2ページ程度に収まる内容に要約する。ページ数の制約もあるので，必ずしも話す内容をそのまま記載する必要はない。**表11-2**はインタビュー・ガイドの例である。大まかな時間進行とインタビュー課題，質問項目などが要領よく記載されている。インタビュー時間は通常2時間が上限であり，中間にコーヒーブレークをもうけることも多い。

　通常のグループ・インタビューでは，消費者属性の異なるいくつかのグループで実施する。定量的なデータを得る目的で実施するわけではないので，グループ数が多いほどよいということはないが，男女別，年齢別などの基本的な消費者属性や使用経験者と未経験者など課題に関連した知識の差などでグループを分けて実施する。専門の司会者を依頼でき，会場等が確保できる場合は，同時に2グループ以上を調査することも可能である。司会者が限られている場合は，1グループずつ実施することになる。調査者側の関係者の情報共有の点では1グループの方が，実施後のブリーフィング（調査結果の確認など関係者間の打ち合わせ）をスムースに進めることができる。2時間のインタビューを実施し，実施後のブリーフィングも行うとなると，1時間は調査の間隔を開ける必要があり，1会場での1日の実施回数は3回（午前1回，午後2回）が限界である。交代の司会者が少ない場合は，司会者の疲労も考慮して，なるべくゆったりとしたスケジュールで実施する必要がある。グループ・インタビューの参加人数は7人を基準に5人から9人程度までと

表11-2　インタビュー・ガイド

時間	大項目	質問項目	問題意識と仮説
(10) 0:10	1. 導入	－事前アンケート（ふだん利用するコンビニ／頻度／買うもの） (1) 趣旨説明 －目的：コンビニエンスストアについて実際に使っている皆さんにご意見を聞き，今後のサービスの向上に役立てること。 －録音すること。個人情報漏洩がないこと。 －私はコンビニの社員ではないので遠慮なく，普段思っていることを自由にお話下さい。普段より大きな声で。 (2) 自己紹介 －住まい，家族構成，趣味，よく利用するコンビニと利用頻度	
(15) 0:25	2. コンビニの利用目的	(1) 利用するコンビニの選択 －あなたがよく利用するコンビニについて，なぜ，他ではなくそのコンビニを利用するのか？ －それぞれのコンビニは，どのような場所にあって，どのような使い方をしているのか？ －同じ立地［家の近く or 職場・学校の近く］にある複数のコンビニを使い分けするか。商品によってコンビニの使い分けをしているか？	※利用状況を，ごく簡単に確認
(5) 0:30	3. コンビニの利用頻度・金額の増減	(1) コンビニ利用の変化 －コンビニの利用頻度，金額はここ数年で増えたか，減ったか？ （増えた人）増えた理由は何か？／どのような商品・サービスを利用するようになったか？ （減った人）減った理由は何か？買わなくなったものはあるか？／それは今，どこで買っているか？	※スーパー／ディスカウントストア／100円ショップなどへ流れているのか
(20) 0:50	4. コンビニ各社の比較	(1) コンビニ各社の比較 －珍しい・目新しい，面白い商品があるコンビニは？ －接客態度（あいさつ，レジ対応，スピード）が良いのはどのコンビニが良いと思うか？どのチェーンも同じと思う場合は，無理に回答しなくてもいい。 －イートイン・コーナー －店舗の清潔感はどうか。（ゴミ箱，店内，トイレ） －ATM，コピー，ゆうパックなどの宅配サービス －コンビニで電子マネーを利用するか？／電子マネーが便利で行くということはあるか (2) エコの取り組み理解度 －今後，コンビニがレジ袋や割り箸を有料にするなど環境問題への取り組みを始めたらどう思うか？	※各社の強み・弱みを把握

いう教科書が多いが，日本人を対象にグループ・インタビューする場合，日本人の国民性から人前で意見を言うことが得意でない人もいるため，調査会社が日本でグループ・インタビューを実施する場合は，5～6人程度で実施する場合が多いようである。

　調査対象者のリクルートは，公募，調査会社に依頼，調査者の関係者や過去の調査協力者に依頼するなどの方法がある。面識のある者同士の参加は話がはずむなど良い面もあるが，仲間内の会話になってしまうなどの悪い面もある。仲間同士の参加は必ずしも拒否する必要はないが，リクルートされた被調査者をグループに割り当てる際に，複数の仲間が1グループに入らないよう配慮する必要がある。

　インタビュー会場の内部は通常**図11-1**のように配置する。司会者と参加者の座る椅子とテーブル，記録者の椅子と机が最低限必要である。専用のイ

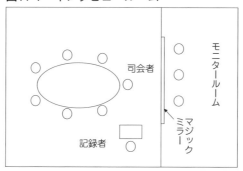

図11-1　インタビュールーム

ンタビュー・ルームを借りて調査を実施する場合は問題はないが，通常の会議室で実施する場合は，インタビュー机はなるべく円や楕円のものを用いる。会議机しかない場合は，対面者の足下などが気にならないように，全面がテーブルになるように机を合わせてインタビュー机とする。机の上には名前の表示板を置いて参加者の着席場所がわかるようにする。

　使用機材は，記録用のビデオ，録音機（ICレコーダー），記録者のパソコンなどが主なものである。記録用のビデオやICレコーダーなどは，2時間の時間中に記録メディアの交換がないように準備しておく必要がある。ビデオは発言者の表情を確認するために利用するものであるが，2台あれば問題ないが，1台の場合には，発言者は司会者の方向を向いて発言するので，司会者側の上部から撮影すれば参加者の表情は撮影できる。マジックミラーを用意したモニタリングルームがない場合は，ビデオの画像を接続ケーブルで他の部屋にモニターに転送する必要があるが，ビデオケーブルの長さに制限もあるので，事前にモニタールームの場所を確認しておく必要がある。

　インタビューの実施のためには，司会者，記録者，受付の各1名が最低限必要である。実施中に大きな展示物や飲食物を会場内で提供する場合は，専用のアシスタントを設けるか，受付を2名で対応すればそれらの業務にも無理なく対応できる。また，次のインタビューの間隔が狭い場合には参加者の

待合室を用意し，子供連れの被調査者が多い場合には子供部屋を用意する必要もある。

受付では，参加者リストをもとに受付，名札の手渡し，遅刻者や欠席者の確認連絡，控え室や子供室の案内，会場への展示物，飲食物の搬入，調査謝礼の受け渡しを行うため，必要なものを用意する。

(2) インタビューの実施

インタビューはインタビュー・ガイドにもとづいて実施される。はじめに司会者の挨拶，調査の概要，録音機やビデオ撮影していること，結果を名前がわかるような形で公表することはないこと，参加者同士で自由に会話して欲しいなどの注意事項を簡潔に述べる。

自己紹介は，参加者同士のラポート（親近感）をつくるために実施するものである。以下は，主要テーマのリサーチ課題ごとにインタビュー・ガイドに基づいてインタビューをすすめ，最後の10分間で全体の印象を簡単にまとめ，言い忘れたことがあれば発言するようすすめる。最後に謝辞を述べ，受付で謝礼の品を受け取るようお知らせして終了する。

---

①イントロダクション（5分）：趣旨説明，注意事項
②自己紹介（15分）：氏名，家族構成，趣味，テーマ関連事項
③主要テーマ（90分）：途中でコーヒーブレークを入れる
④まとめ（10分）：全体の印象，言い忘れた事項，謝辞

グループ・インタビューは，**図11-2**の破線のような司会者と参加者の会話だけでなく，実線のような参加者間の会話を活発にすることで，参加者間のグループ・ダイナミックス（集団力学）により1対1の面接では得られない会話により新たな仮説を発見する手法である。したがって，司会者の役割は質問者としてではなく，それら参加者間の会話をいかに引き出すかにあり，その成否が調査の成功の鍵となる。

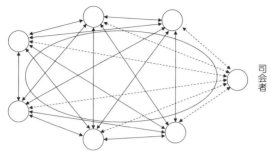

　一般に司会者は，進行の過程で指名したり，発言をさえぎったり，特定の意見に賛同したりしないように気をつける必要がある。また，会話のはずみでテーマと違う方向に話がずれた場合も，テーマの方向に修正するなどの重要な役割もある。また，各リサーチ課題ごとにその内容を仮説的にまとめる方向で意見を集約していく視点をもちながら進行する必要がある。このように考えると，グループ・インタビューは，司会者の力量に多く依存する手法ということもできる。したがって，インタビューを実施する頻度が低い場合は，専門の司会者に依頼する方が効率的である。その際には，司会者と調査実施者とのリサーチ課題やインタビュー・ガイドに関する事前打ち合わせを充分行う必要がある。

(3) インタビュー結果の取りまとめと分析

　インタビュー結果のとりまとめは，**表11-3**のように表頭に参加者名，表側に調査項目を配置した一覧表に整理される。このような表を作成すると，調査項目毎の各参加者を一覧できるとともに，多くの意見がでた項目や参加者ごとの発言の多少，発言順序も確認でき，インタビューの状況を把握する上できわめて重要な情報を提供するものである。グループ・インタビューを受託する会社では，プロの速記者を用意しているので，インタビュー終了時にはこの資料が完成している。司会者だけを依頼した場合には，素人の記録

表 11-3　インタビュー結果の整理

項目 / 氏名	A	B	C	D	E	F
1. 導入 自己紹介 　居住地 　家族構成 　良く行くコンビニ	A市 両親、妹、祖母 地元のA社	B市 両親、姉 寮に住んでいる。寮から歩いて10分くらいのB社、たまにC社を利用する。	C区 両親、兄は独立 B社でバイトしている。A社やC社も使う。	D市 両親、犬1匹 D社でバイト、家の1階にA社がある。	E市 両親、弟 最近近所にA社とC社が出来た。	F区 両親、弟 学校の途中にあるA社、こだわり無く、コンビニがあればどこにでも行く。
2.コンビニの利用目的						
(1)利用するコンビニの選択						
なぜそのコンビニを利用するか	惣菜とかがあって、味がみんな違うので、好きな味があればそこに行くし、どこでもいい時もある。サラダはA社がおいしいので、A社で買う。	いちばんいきやすいB社に行く。C社はあればいく。コンビニ自体にあまりこだわりはない。	B社は、社員割引はないが、無料のカードがあるので使っている。ポイントも貯まるので、どうせならポイントが貯まるところがいい。	D社のM店は社員おいしいと思うので、B社に行って買う。みんなに勧めても評判がいい。(C:そうかな)ポイントカードのポイントを貯めている。B社は家から遠いので、あまり使わないけど、近くにあれば行きたいのはB社。カードもあるし、○○もあるし、○○がおいしい。B社が一番私の味覚にあっている。ジャンクらしさが出てて、栄養のなさそうなところが好き。		色んな商品を見るのが楽しいので、こだわらず色々見ている。
何かが良いから行くコンビニはあるか		B社では税金を払いにいったり、夜お金をおろしにいったりする。			C社にはCチケットがあって、○○をよく利用する。そのためにC社に行く。	B社には○○があるから、文房具はB社に行く。他のコンビニだとどんな文房具があるかイメージできないけど、○○ならイメージできるから。

係が全ての内容を記録することは困難であるが，この表の形で発言者，発言順と発言内容の概要等だけでも記入するようにすれば，終了後のテープ起こしの際の作業が楽になる。また，実施直後のブリーフィングで使用する資料としても活用できるという利点もある。

　結果の分析は，意見を分類，整理し課題に関する仮説を発見することにあるので，整理の過程で，同じ意見が何人いるかということには意味がない。ある課題に関する意見を聞いたところ，Aという意見が4人，Bという意見2人であった場合，Aという意見がBという意見よりも多かったという形でまとめてはいけない。ある課題に関しては，Aという意見とBという意見が

あったというように表現にとどめなければならない。また、いくつかのグループで実施した際にグループ間で差があった場合は、グループ毎に結果を取りまとめる必要がある。テーマ毎の分析内容をまとめた後、分析結果をふまえた提言を行って分析結果をしめくくる。

4．その他の定性調査

(1) 詳細面接（ディテイルド・インタビュー）

個人面接は調査員が1人の被調査者から定性データを入手する方法であり、ディテイルド・インタビュー（詳細面接）とよばれている。ディテイルド・インタビューはデプス・インタビュー（深層面接）とよばれることもある。デプス・インタビューは心理学調査で利用されている方法であり、調査者が心理カウンセリングのように聞き手に回り、消費者の深層心理を探る方法である。デプス・インタビューの実施のためには、特別に訓練された調査員が対応する必要があるが、実際のマーケティング・リサーチで利用される個人面接では、心理学調査のような厳密な調査は必ずしも必要ではない。しかし、質問紙を用いて個人面接を行うような調査をしていては、単なる質問紙調査の事前調査になってしまう。あくまで自由な発想に基づいた、仮説の発見につながる調査になるよう、心がける必要がある。

(2) ラダリング

ラダリングは、個人面接で実施される手法の一つであり、消費者が商品のある特性に注目してその商品を購入している背景にはどのような価値構造に基づく動機づけがあるかを明らかにする手法である。それらの価値構造を明らかにすることにより、消費者の消費行動をより深く理解するとともに、広告など消費者とのコミュニケートする表現を考えたりする際に利用できる情報を入手する方法である。

ラダリングでは、図11-3のような手順で面接調査が実施される。一般的

図11-3　ラダリング調査の手順

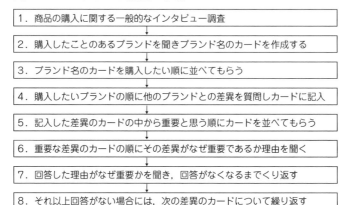

1. 商品の購入に関する一般的なインタビュー調査
2. 購入したことのあるブランドを聞きブランド名のカードを作成する
3. ブランド名のカードを購入したい順に並べてもらう
4. 購入したいブランドの順に他のブランドとの差異を質問しカードに記入
5. 記入した差異のカードの中から重要と思う順にカードを並べてもらう
6. 重要な差異のカードの順にその差異がなぜ重要であるか理由を聞く
7. 回答した理由がなぜ重要かを聞き，回答がなくなるまでくり返す
8. それ以上回答がない場合には，次の差異のカードについて繰り返す

なインタビュー調査の後，はじめに購入したことのあるブランドを聞き，カードに記入する。つぎにブランド名のカードを購入したい順に並べてもらう。購入したいブランドについて，順に他のブランドとの差異を聞き，カードに記入する。その差異のカードを重要な順に並び替えてもらう。重要な差異の順に，「あなたにとって〇〇（差異）であることはなぜ重要なのですか。」という質問をする。その回答について「△△だからです。」という回答を得たら，さらに「あなたにとって△△であることはなぜ重要なのですか。」という同じ質問を繰り返し，理由を思いつかないか前の理由を繰り返し回答した段階で，1枚目の差異のカードのラダリング（梯子登り）の質問を終了する。他の差異のカードについてもすべて同じ質問を繰り返し，すべての差異のカードのラダリングが終了した段階で調査を終了する。

　このように，ラダリングは個別面接ではあるが，定型的な質問を繰り返すだけなので，調査者の経験に依存するところが少ない。したがって，比較的短時間で多くの対象者を調査することができ，共通して得られた製品属性から上位の価値への連鎖のうち，どれが多いかといった，定量的なデータの取り扱いもできる点に特徴がある。ラダリングは，広告やセールス活動のようなコミュニケーション活動におけるメッセージの開発や新製品開発に広く利

用されている手法である。ラダリングの階数を簡略化した評価グリッド法(神田 2000)とよばれる手法も開発されており，商品開発等で利用されている。

(3) 投影法

ディテイルド・インタビューやグループ・インタビューが，リサーチ課題に関する非構成的な質問をするのに対して，投影法はリサーチ課題には直接対応しない間接的な質問をすることにより，リサーチ課題に関する被調査者の深層心理にある動機，信念，態度，感情を投影させることからついた手法である。状況が曖昧であるほど，対象者が対象者は自分の感情や欲求，動機，態度，価値観を強く反映させるという，臨床心理学の研究に基づいている。投影法には以下のような方法がある。

---

①言語連想法：与えられた1つの語句について，最初あるいは順に連想する語句を答える。
②文章完成法：空欄のある不完全な文章提示され，最初に思い浮かぶ語句を答える。
③物語完成法：物語の一部を提示し，その物語を完成させる。
④絵画反応法：曖昧な複数の絵画を提示し，物語を作成させる。
⑤略画テスト：一方の人物が一方の人物に話しかけている絵から，話しかけられている人物の空白の会話部分を完成させる。
⑥ロールプレーイング：被調査者に自分以外の者の役を演じさせる。
⑦第三者技法：言葉や画像で状況を説明し，第三者の立場からの回答を求める。

---

①は連想法とよばれる手法であり，与えられた絵や写真などの刺激や言語について連想する語句を答えさせるものである。簡単にデータを収集することができるため，近年質問紙調査でよく利用されている。②③は完成法とよばれる手法であり，不完全な文章や物語を完成させるものである。④⑤は構

成法とよばれる手法であり，物語や会話を構成させるものである。⑥⑦は表現法とよばれる手法であり，被調査者に第三者の立場で演じさせたり，意見を言わせるものである。

　これらの手法は，面接やデータ分析において心理学に精通した専門家が必要であること，分析者の主観が強く分析結果に反映するので科学性に疑問がもたれる，などの理由からマーケティング・リサーチで単独で用いられることは少ない。詳細面接や質問紙調査などで他の質問項目に含めて調査されるなど，補助的なものとして使用される場合が多い。

　記述的リサーチの質問紙に探索的リサーチの調査項目を入れて，その結果をどう利用するのかといった疑問をもつ方も多いと思われる。しかし，マーケティング・リサーチは，Plan – Do – Check – Actionのマネジメントプロセスとして実施しているのであり，記述的リサーチの中でも新たな仮説の発見があれば，次の実りあるリサーチにつなげることができる。調査対象の消費者も日々変化しており，調査する側もそれに対応していかなければならない。リサーチのコストパフォーマンスも重要であるが，多少の余裕も必要なのである。

(4) 観察法

　観察法も広い意味で定性調査といえる。具体的な調査法は一次データの収集で述べたとおりである。記述的リサーチの観察法は，調査対象である消費者の男女別，年齢層，「1．商品を買った」，「2．商品を手に取った」，「3．商品を見た」などの観察した行動をコード（数量）化して記録するので，どちらかといえば定量調査といってよい。定性調査としての観察法は，探索的リサーチとして実施するものである。探索的リサーチでは，定性調査の結果を必ずしも定量化する必要はないが，記述的リサーチの予備調査として実施する場合には，そこでの質問紙調査の質問項目や観察調査の観察項目が得られるよう情報を整理する必要がある。結果の分析方法については，決まった方法があるわけではないので，問題意識が不明確であったり，課題に関する

基礎的な知識をもたない調査者が現場や写真，ビデオをいくら見ても得るものは少ないであろう。探索的リサーチとして観察調査を実施する場合も，事前に二次データ分析を行い，リサーチ課題を明確にするとともに調査仮説をもって調査を実施する必要がある。調査仮説の検討結果と新たな仮説の発見などの内容が調査報告書の主要な内容となる。これらは他の定性調査と同様である。

参考文献
安梅勅江『ヒューマン・サービスにおけるグループインタビュー法—科学的根拠に基づく質的研究法の展開』医歯薬出版・2001年
磯島昭代『農産物購買における消費者ニーズ—マーケティング・リサーチによる—』農林統計協会・2009年
上田拓治『マーケティングリサーチの論理と技法』第4版，日本評論社・2010年
上野啓子『マーケティング・インタビュー』東洋経済新報社・2004年
神田範明『商品企画七つ道具』日科技連・2000年
二木宏二・朝野熙彦『マーケティング・リサーチの計画と実際』日刊工業新聞社・1991年

第12章

サンプルの抽出

　現代のマーケティングは，ターゲット・マーケティングとよばれるように，マーケティング活動の対象である顧客を細分化し，その顧客のニーズを把握して製品の開発を行い顧客の望む価値を提供する活動が行われている。したがって，マーケティング課題の解決を検討するためのリサーチを実施する際には，それら具体的なターゲットである顧客を対象にリサーチする必要がある。前章では，探索的リサーチで利用されることの多い定性調査を取り上げた。定性調査もそのリサーチ対象を想定して被調査者を選択する必要があるが，探索的リサーチの性格上，仮説の発見にその重点が置かれるため，調査対象の代表性はそれほど厳密には要求されることはない。しかし，定量調査が主体となる記述的リサーチでは，その結果を具体的なマーケティング活動に活かす必要があるため，分析されるデータの代表性が問われる。本章では，記述的リサーチにおいて調査対象からどのように代表性のあるサンプルを抽出すればよいかといった点について述べる。

1．母集団とサンプル

(1) 集団

　母集団とは，マーケティング・リサーチの調査対象のすべての集まりのことである。母集団のことを知ろうとするときに，その対象すべてを対象に調査することを全数調査という。母集団が小さい場合には，全数調査も可能であるが，通常マーケティング・リサーチで対象とする母集団は非常に大きい場合が多いため，次で述べるサンプルを母集団から抽出する必要がある。

母集団の概念的なリストのことをフレームとよび，具体的なリストをサンプリング・リストとよぶ。母集団のフレームは，首都圏の大学に通学する20代の男性といったように，地域の範囲（全国か特定都市か），対象の範囲（○○を購入した人），年齢，性別などで定義される。フレームはマーケティング課題に対応して定義されるが，それに対応したサンプリング・リストが必ずしも入手できるわけではない。

また母集団は，リスト化可能な有限母集団とリスト化が困難な無限母集団に分類される。我が社の商品を使用している顧客ということであれば有限母集団であるが，現在あるいは将来の顧客となると無限母集団となり，サンプリング・リスト自体入手は不可能である。

(2) サンプル

母集団から抽出された母集団の一部分をサンプル（標本）とよぶ。また，母集団から一定の方法でサンプルを抽出することをサンプリング（標本抽出）とよぶ。サンプリングの概念を模式図にすると**図12-1**のようになる。サンプリングとは，サンプルから得られたデータを分析して母集団を推測するために行うものである。図では，サンプルの平均値を調べることによって，母集団の平均値を推測している。このように，サンプルを分析することにより母集団の一般的な性質を推測するための方法は推測統計学ともよばれ，イギリスの統計学者R. A. フィッシャー（1890～1962）によって理論的基礎が築かれた。推測統計学では，母集団とサンプルが明確に区分されている。それ

図12-1　サンプリングの概念

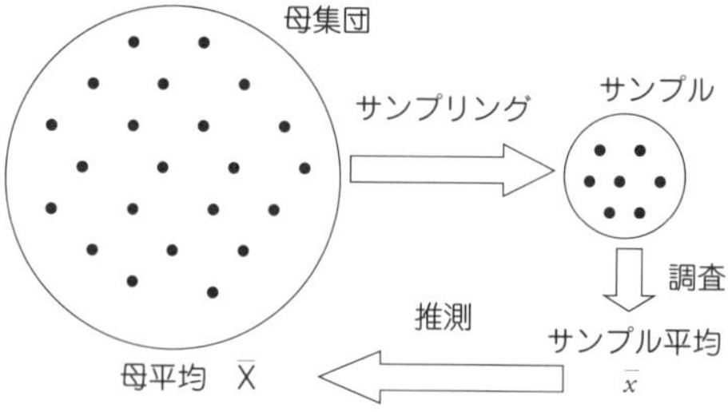

に対して，サンプルのデータの集計結果そのものを扱う方法は記述統計学とよばれている。全数調査の結果の分析などは，母集団を推測する必要がないため記述統計学による分析ということになる。

　全数調査であれば母集団の推測といった面倒なことを考えなくてもよいが，きわめて小数の顧客しか対象としない場合を除けば，マーケティング・リサーチの対象である母集団を全て調査することは不可能である。したがって，マーケティング・リサーチではサンプリングを行う調査が多く，母集団のフレームに対応した適切なサンプリング・リストを入手する必要がある。以下では，サンプリング・リストの入手法について述べる。

2．サンプリング・リスト

(1) サンプリング・リストがある場合

　個人や世帯を対象とした調査では，①住民登録基本台帳（市区町村），②選挙人名簿（選挙管理委員会事務局），③国勢調査区要図（統計局），④電話帳（NTT）などがこれまでサンプリング・リストとして利用されることが多かった。①から③などの情報は，近年では個人情報保護の視点から公開されない場合が多く，とくに営利活動の一環として実施されるマーケティング・リサーチで利用することはきわめて困難になっている。また，④の電話帳は，①～③が申請など利用上の手続きが煩雑であったため，それらに代わるものとして入手も容易であるため以前は多く利用されていたが，近年携帯電話の普及や電話帳への記載を拒否する利用者も多い。したがって，これらを利用した場合のサンプルの年齢層の偏りが大きくなるなどの問題もあり，現在では利用は少なくなっている。電話帳に代わって近年利用が増えているのが，ゼンリンなどの住宅地図をサンプリング・リストとして利用する方法である。もちろん，電話帳や住宅地図は，①～③のリストと異なり年齢などの属性は入手できないため，コンタクト後のスクリーニング（ふるい分け）が必要となる。

事業所を対象とした調査では，①事業所調査名簿（統計局），②会社年鑑（ダイヤモンド社，帝国興信所，新聞社），③特定の業界リスト（スーパーマーケット，生協等の名簿），④職業別電話帳，などが利用できる。これらのフレームは，個人・世帯の調査と異なり，個人情報ではないので，入手が容易な場合が多いが，事業所を対象としたものと企業を対象としたものがあるので，調査目的によって最適なサンプリング・リストを選択する必要がある。

サンプリング・リストがある場合でも，リストに記載されたサンプルの属性が異なるため，目的の母集団のサンプリング・リストとして不十分な場合も多く，以下のようなデータのスクリーニングが必要になる。

(2) サンプリング・リストが不完全か，ない場合

サンプリング・リストが不完全あるいはない場合は大きく以下の3つに分類される。①フレームは母集団をカバーしているが，母集団を取り出す必要な特性が記載されていない，②不要な対象が含まれていたり，必要な対象が抜けている，③サンプリング・リスト自体がない。

①の場合は，スクリーニング調査を実施する。②の場合はスクリーニングと，③の対応を併用する。③の場合は，対象者を現地で直接見つけ出してフレームを作るか，対象者が多く含まれていると思われる不完全なフレームを新たに作成し，それを用いてスクリーニング調査するなどの方法がとられる。

3．有意サンプリング調査と無作為サンプリング調査

(1) 調査の種類

マーケティング・リサーチで実施される調査を分類したものが図12-2である。マーケティング・リサーチで行われる調査には定性調査と定量調査があることは既に述べた。定性調査は探索的リサーチ，定量調査は記述的リサーチで利用される手法である。前者はグループ・インタビューのように，必ずしも母集団の数量的な関係を推測するために実施するわけではないので，

図12-2　調査の種類

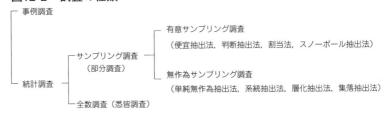

事例調査ということができる。後者は，母集団の数量的関係を推測するために実施する方法であるので，統計調査ということになる。統計調査は，母集団からサンプルを抽出するサンプリング調査と全数調査にさらに分類される。全数調査では，母集団の数量的関係を推測する必要がないが，サンプリング調査は母集団の数量的関係を推測する目的で実施するものである。サンプリング調査は，サンプリングの方法によって確率論に基づかない有意サンプリング調査と確率論に基づく無作為サンプリング調査に分類される。

　確率論に基づく調査とは，先に述べた推測統計学に基づいた調査であり，そのサンプルのデータから母集団のデータを推測できる。したがって，確率論に基づかない有意サンプリング調査は，母集団を推測することはできない調査ということになる。しかし，だからといって，記述的リサーチの定量調査は確率論に基づいた無作為サンプリング調査でなければいけないというわけでは必ずしもない。先にも述べたとおり，マーケティング・リサーチ課題によっては，母集団のサンプリング・リストがない場合も多く，確率論にもとづいたサンプル調査ができない場合も実際には多いからである。また，近年利用が増加している公募型のインターネット調査も，基本的には有意サンプリング調査といってよい。

(2) 有意サンプリング調査

　有意サンプリング調査は，確率論に基づかないサンプリング調査であり，便宜抽出法，判断抽出法，割当法，スノーボール抽出法などの方法がある。便宜抽出法は，街頭などで手近で調査しやすい人だけを標本抽出する方法で

ある。判断抽出法は，調査員が調査目的に合致すると判断した基準に適合したものを標本抽出する方法であり，専門家の意見や統計的なデータに基づいてその判断基準が決められる。割当法は，調査対象者を母集団の年齢，性別の構成比などの条件に合わせて標本抽出する方法である。スノーボール抽出法は，通常の方法ではサンプルを抽出することが困難な場合，サンプルの友人や知人を紹介してもらい，芋づる式にサンプルを入手する方法である。

　これらの方法は，サンプリング・リストもなくサンプリングの条件設定も恣意的であり，サンプルの代表性を証明できる根拠がない点では共通しており，結果から母集団の傾向を厳密に議論することはできない。ただし，サンプル数が少ない場合は，有意サンプリング調査の方が無作為サンプリング調査よりも誤差が少ないとされており，有意サンプリング調査のメリットもある。無作為サンプリング調査の結果が正しくて，有意サンプリング調査の結果が誤りだとは簡単にはいえないのである。有意サンプリング調査もその問題点を把握した上で利用すればマーケティング・リサーチの有力なツールとなる。実際にはマーケティング・リサーチで行われている調査の多くが有意サンプリング調査によるものである。

(3) 無作為サンプリング調査

　無作為サンプリング調査は確率論に基づくサンプリング調査であり，単純無作為抽出法，系統抽出法，層化抽出法，集落抽出法などの方法がある。

　単純無作為抽出法は，母集団を形成するすべての個体がサンプルとして選ばれる確率がすべて等しくなるようにサンプリングを行う方法である。具体的には，サンプリング・リストの各サンプルにサンプル番号をつけ，サイコロなどで乱数表の任意の行と列を指定する。そこから横方向か縦方向に順に母集団の大きさ（N）に対応した桁数（母集団の大きさ1,000個の場合は3桁）の数字を読み取り，重複する数字やNより大きい数字を除いた数字を，リストから抽出するサンプルの番号とする。サンプル番号が必要なサンプル数（n）だけ抽出された段階で抽出を終了する。現在では，エクセルなどの表

計算ソフト上で母集団の大きさに対応した桁数の乱数を発生させることが簡単にできるため，乱数表を用いることは少なくなっている。

　系統抽出法は，サンプリングリストを用いて単純無作為抽出法より容易にサンプリングを行うことのできる簡便法である。母集団の大きさ（N）をサンプル数（n）で割り，抽出間隔（i）を求め（小数点以下は四捨五入して整数に），1からiの間の1個の乱数（r）を乱数表かコンピュータで発生させ，その数字（r）を1番目に抽出するサンプル番号として，2番目のサンプル番号はr＋i，3番目のサンプル番号はr＋2iとして，以下抽出間隔（i）ごとにサンプル番号を決定し，n個のサンプルを得る方法である。

　層化抽出法は，母集団を性別，年齢，所得，職業，都市階級などの属性を用いて層内は同質的に，層間は異質的になるように層化し，各層の中から単純無作為抽出により二段階でサンプルを抽出する方法である。サンプリング誤差が小さくなることから，マーケティング調査でもよく利用される方法である。抽出するサンプル数の各層への割り当ては，母集団における各層の大きさに比例させる比例抽出法と層間の違いを検証する目的で各層から同じサイズを抽出する場合などの不比例抽出法がある。大規模な調査では各層をさらに分割してからサンプルを抽出する多段抽出法が用いられる場合もある。

　集落抽出法は，母集団を代表するようないくつかのクラスターに分ける方法である。クラスター内は可能な限り異質的に，クラスター間は可能な限り同質的に分割される点が層化抽出法と異なる。大規模な面接による質問紙調査などを実施する際に，調査員の移動などの費用を少なくする場合に用いられる方法である。集落抽出法は一段階で集落を抽出し，その集落の全てのサンプルを調査する場合もあるが，一般的にはそこから無作為で抽出を行う二段抽出法や多段抽出法が行われる場合が多いのは層化抽出法と同様である。層化抽出法と集落抽出法の違いを模式的に示すと図12-3のようになる。

　わが国の消費の動向を知る上で重要な統計の一つである総務省の「家計調査」は，サンプリングに層化抽出法と集落抽出法を併用した方法を用いている。そこでの具体的なサンプリングは以下のように行われている。第1段階

図12-3　層化抽出法と集落抽出法の概念

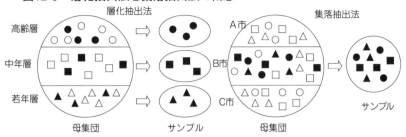

は，政令指定都市の各都市を51層に，人口5万以上の市は地方，都市階級で分けた後，人口集中地区人口比率，人口増減率，産業的特色，世帯主が65歳以上の世帯数の比率を用いて75層に，人口5万未満の市及び町村は，地方で分けた後，地理的位置，世帯主の年齢構成を用いて42層に分け，全国計168層に分ける。第二段階は，各層から1市町村ずつ抽出し，各調査市町村内を「国勢調査」の調査区を基に，2調査区ずつまとめて単位区とする。第三段階は，それぞれの単位区の全居住世帯の名簿から，二人以上の世帯については各単位区の調査対象世帯の中から6世帯を，単身世帯については交互の単位区から1世帯を無作為に選定しサンプルが選択されている。このように，大規模な調査が可能なのは，総務省が5年ごとに実施している全数調査である「国勢調査」の調査区の情報を利用できるからである。

4．サンプルサイズの決定

(1) 平均値に関するサンプルサイズの決定

　サンプルサイズの決定は，リサーチのコストとも関連する重要な決定事項である。ここでは，単純無作為抽出により母集団の平均値を推定する場合について，サンプルサイズの決定方法について述べる。

　この決定方法を考える上で重要な法則がある。その法則はラプラス（Laplace）が発見した中心極限定理とよばれるものである。その法則によれば，母集団の分布がどのような分布であっても,標本平均の分布は平均μ（母

平均),標準偏差$\sigma/\sqrt{n}$($\sigma_{\bar{x}}$)の正規分布に近似することを示している。したがって,正規分布の性質から95％の信頼区間は,$\bar{X}\pm1.96\sigma_{\bar{x}}$となる。このことは,真の母平均がこの間にある確率が95％であることを示している。平均値に関するサンプルサイズの決定では,このことを利用する。信頼区間の式で,$1.96\sigma_{\bar{x}}$は,誤差の許容水準Dであるので,$D=Z\cdot\sigma/\sqrt{n}$となる。この式からnは以下の式で求めることができる。

$$n=\frac{\sigma^2 Z^2}{D^2}$$

ここで,σは母集団の標準偏差,Zは信頼レベル,Dは誤差の許容水準である。この3つの要素を決定すればサンプルサイズを決定することができる。標準偏差(σ)は,予備調査や常識的な目安で設定するが,データのレンジの1/6という設定方法もある。誤差の許容範囲(D)は,標本平均と母平均の誤差をどの程度まで許容できるかを具体的にきめる。信頼レベル(Z)は,$Z=1.96$のときの95％水準となるので,通常はこの数字を用いる。

標準偏差3000円,信頼レベル95％水準,誤差の許容範囲を200円とした場合のサンプルサイズは以下のように計算される。

$$n=(3000\times1.96/200)^2=(29.4)^2=864$$

(2) 比率に関するサンプルサイズの決定

母集団の比率を推定したい場合にも,その決定方法は基本的には平均値と同様になる。

$$n=\frac{\pi(1-\pi)Z^2}{D^2}$$

ただし,πは母集団の比率,Zは信頼レベル,Dは誤差の許容水準である。母集団の比率は,予備調査や常識的なレベルで設定する。母集団の比率を0.3,信頼レベル1.96,誤差の許容範囲0.05とすると,サンプル数は以下のよ

うに計算される。

$$n = 0.3 \times 0.7 \times (1.96)^2 / (0.05)^2 = 0.807 / 0.0025 = 323$$

5．非サンプリング誤差

(1) 非サンプリング誤差の種類

　サンプリング調査である以上サンプルの誤差は避けることはできないが，サンプルサイズを大きくすることによりその誤差を小さくすることができる。また，信頼区間などのように，誤差の特徴を統計的に解釈することも可能である。しかし，サンプル調査を実施する過程で，サンプリングによらない誤差が発生する可能性がある。これらの誤差は，サンプルを多くすれば改善されるわけではないので，サンプル調査を行う上でとくに注意をはらう必要がある。

　一般に非サンプリング誤差は，図12-4に示すように，観測によらない誤差と観測による誤差に大別される。観測によらない誤差は，カバーしないことによる誤差と無回答による誤差に，観測による誤差は，さらにデータ収集時に生ずる誤差とデータ処理時に生ずる誤差に分類される。

図12-4　非サンプリング誤差の種類

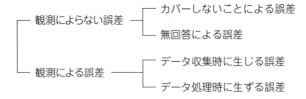

(2) カバーしないことによる誤差

　カバーしないことによる誤差は，サンプリング・リストが完全でないため，抽出単位のもれによりコンタクトできないことによる誤差である。電話帳を

サンプリング・リストとして利用する際に，固定電話を持たない世帯，もっていても掲載しない世帯，2台所有している世帯などの影響によって生ずる誤差などがこれに該当する。これらは，調査結果の質問票のフェイス項目の集計結果などから判明する場合が多く，調査結果に深刻な影響を及ぼす。これらへの対処方策としては，リストの補正や再度無作為抽出を行うなどの対応が行われるが，根本的な対応としては新たなサンプリング・リストを探すしか方法はない。

(3) 無回答による誤差

　無回答による誤差は，必要な情報が得られないことによる誤差といえる。非サンプル誤差の中でカバーしないことによる誤差と並んで調査に深刻な影響を与える誤差といえる。郵送調査では，市町村などの公共機関や大学などの研究機関が実施する調査でも課題によっては回収率が30%程度の場合もあり，民間企業が実施する調査では回収率がそれを下回る場合も多い。いくら無作為サンプリング調査を行ったとしても，回収率が30%程度ではその結果から母集団を議論してもあまり意味がないことになる。

　無回答の発生理由は，コンタクト時の不在や答えたくないといった積極的な調査拒否から，忙しい，面倒くさいなどの消極的な調査拒否まで様々である。訪問調査では，通常は電話やメールによるフォローアップのコンタクトを試み，再度訪問するなどの方法により回収率を向上させる対策をとる必要がある。郵送調査では，それらを考慮して事前に被調査者に金銭的な謝礼や非金銭的なインセンティブを与えたり，事前通知や督促状などによるフォローアップにより回答率の向上が図られている。金銭的，非金銭的なインセンティブは前払い方式の方が回収率は良いといわれている。また，インセンティブの金額は一般的に回収率と正の相関がある。しかし，インセンティブの金額は調査費用に大きな影響を与えるだけに，費用と得られる情報の価値を考えて慎重に決定する必要がある。回答者に匿名を許容することも回答率にはプラスに作用する。しかし，そのままでは督促を常に全員に行う必要が生

じたり，事後的なインセンティブの送付が不可能になる。そのような場合には，質問表の返信用封筒と別に記名した回答済の葉書を投函してもらうなどの方法により，調査の匿名性を保ちながら督促の効率を高めることができる。

　無回答によるバイアス（偏り）の調整にはいくつかの方法があるが，サンプリングにより電話，訪問等で無回答者に接触し，その結果から無回答者全員を予測する方法や，質問紙調査の最初に回収したサンプルと後半に回収したサンプルの回答の間に一定の傾向がある場合には，その傾向を外挿して無回答者の回答を予測するなどの方法もある。

(4) データ収集時に生じる誤差

　データ収集時に生じる誤差には，一部の設問への無回答や不適正な回答などがある。これらはインタビューアーが未熟だったり，質問紙の不備が原因である。それらが発生しないためには，インタビューアーの教育管理やプレ調査の実施による質問紙の完成度を高めるなどの対策が必要である。調査実施後にそれらが判明した場合には，データが多い場合は欠測値としてデータから除外したり，データが少ない場合は該当の設問のみ外して分析するなどの方法がとられる。

(5) データ処理時に生じる誤差

　データ処理時に生ずる誤差には，調査票の回答を数字等でコード化（コーディング）してデータベースを作成する際の変換ミスがある。データベースの作成を外部の調査会社に委託した場合は，ダブルチェックなどが実施され，これらの問題がないように適切に対処されているため問題は少ない。しかし，自ら調査表を回収してアルバイト等を雇用してデータを作成する場合には，必ずコーディングミスが発生すると考えて間違いはない。これらの発生を防止するためには，表計算ソフトを用いてデータチェックを行うとともに，原始的ではあるがデータの読み合わせなどによるチェックなどが有効である。

参考文献
D.A.アーカー他『マーケティング・リサーチ』白桃書房・1981年
上田拓治『マーケティングリサーチの論理と技法』第4版，日本評論社・2010年
二木宏二・朝野熙彦『マーケティング・リサーチの計画と実際』日刊工業新聞社・1991年
マルホトラ　ナレシュ・K，小林和夫（訳）『マーケティング・リサーチの理論と実践　理論編』同友館・2006年

第13章

質問紙の作成

アンケート調査結果から正しい結果を得るためには，はじめに質問紙を適切に作成することが大切である。質問紙が不適切であると，「誤答」「いいかげんな回答」「回答拒否」などを引き起こすことになる。

調査が成功するか否かは，質問紙のできによって決まってくるといっても過言ではない。本章では，質問紙を作成する上での基本的な知識についてみていこう。

1．質問文の作成

質問文や回答文などを作成することを，「ワーディング」という。ワーディングの基本は，回答する側の視点にたって，明快で分かりやすい質問文を作成することである。

以下，ワーディングにおける主なチェックポイントを示す。

①非礼な言葉，非礼な質問を使用していないか

回答者に対して失礼にあたる言葉がないか，不快な気持にさせる言葉はないかをチェックする。たとえば，「下記の項目から選択せよ」ではなく，「下記の項目から選択してください」とする。

また，具体的な年齢や年収など，過度にプライバシーにかかわる質問は，できるだけ避けた方がよい。年収を聞く必要があるならば，具体的な金額を聞くのではなく，「①300万円未満，②300万円以上500万円未満，③……」といったカテゴリーを利用するとともに，「分からない・答えたくない」とい

う選択肢も入れたほうが良いだろう。

②1つの質問文で2つ以上の事項を聞いていないか

1つの質問文で，2つ以上の事項を聞くことを「ダブルバーレル質問」という。たとえば，以下のような質問は，典型的なダブルバーレルである。

> 問：この緑茶の味や香りは，良いと思いますか。

このような質問の場合，回答者は，「味」と「香り」のどちらに着目して答えたらよいのかが判断に迷う。また，質問に対する回答を集計しても，味が評価されたのか，香りが評価されたのか，それとも味・香りともに評価されたのかが分からないので，意味のある結果を得ることができない。

この場合は，以下に示すとおり，味に関する質問と香りに関する質問の2つに分離し，1つの質問では1つの事項を聞くようにすることが必要である。

> 問：この緑茶の味は，良いと思いますか。
> 問：この緑茶の香りは，良いと思いますか。

③個人的質問か，一般的質問か

質問文は，個人的な意見を聞くのか，一般的な意見を聞くのかを明確にしておくことが大切である。

> 問A　サラリーマンが単身赴任するのはやむを得ないと思いますか。
> 問B　あなたが，単身赴任するのはやむを得ないと思いますか。

上記の問Aは一般的な質問である。一方，問Bが個人的な質問である。おそらく問Aと比較して，問Bでは「やむを得ない」と回答する割合は減少するだろう。

④難しい表現，専門用語はないか

　回答者が聞きなれない専門用語，業界用語などは使用しない。調査者が，普段当たり前のように利用している単語でも，回答者にとっては聞いたことがない言葉である場合も多い。そのためには予備調査を実施して，分かりにくい言葉が含まれていないかをチェックすることが必要である。

> 問A：あなたは，リーフ茶をどこで買いますか。
> 問B：あなたは，お茶の葉っぱ（茶葉）をどこで買いますか。

　たとえば，上の問Aに含まれる"リーフ茶"という言葉は，茶業界では常識的な用語だが，一般消費者は分かりにくい。問Bのような，誰でも分かる表現にすべきである。

⑤曖昧な表現が含まれていないか

　質問文には，曖昧な表現は利用しない。たとえば，以下の質問文に含まれる"最近"という言葉は受け手によってとらえ方が異なる曖昧な言葉である。

> 問：あなたは，最近，銀座商店街で買物をしましたか。

　ある回答者は，"最近"を「ここ1週間程度」と捉えるかもしれないし，別の回答者は「ここ1年程度」と捉えるかもしれない。このような場合には，「あなたは，今年10月に，銀座商店街で買物をしましたか」など，具体的な期間を示すことが必要である。
　同様に，「たびたび」「ときどき」「通常」といった表現も曖昧である。このような表現は，質問文での利用は避けるべきである。

⑥回答者に質問の意味がはっきりと伝わるか

　質問文の構造は可能な限り，シンプルで分かりやすいものにすべきである。

たとえば，「農家への補助金を増額しないのは好ましくないという意見がありますが，あなたはそれに賛成ですか，反対ですか」など，否定語を含む質問文は誤答が増える。

⑦誘導質問になってないか

　回答を誘導するような質問は避けるべきである。たとえば，「医者の間では…と言われていますが，……」「…と言う学者がいますが，……」といった質問は，肯定的回答を誘導する質問となる。医者や学者など権威者の意見に対して，我々は考えることを停止し，肯定的に反応してしまう性向がある。

⑧選択肢にもれはないか

　回答を選択してもらう場合には，選択肢はすべて出し尽くしているかを確認することが大切である。たとえば，次の質問文をみてみよう。

問：あなたは，お米をどこで購入しますか。
①米穀店　②スーパーマーケット　③農産物直売所　④百貨店　⑤通信販売

　上記の質問には，「生協」「農家個人からの直販」「縁故米（親戚や友人の農家から無料で，あるいは廉価で融通してもらう米）を利用している」といった選択肢が含まれていない。たとえば，生協でお米を購入している消費者は，どう答えてよいか分からない。

　すべてが予想しきれない場合には，「その他（　　　）」を入れ，カッコ内に自由に記述してもらうとよい。カッコ内に共通する単語が多く含まれている場合には，事後的にコード化し，事前の選択肢とともに集計するとよい。

2．質問の順番

質問文ができたら，質問の順番に問題はないかを検討する。質問の並べ方によっては，回答結果が異なってしまうこともある。質問順序に関しては，とくに以下の点に注意することが大切である。

(1) 質問の流れ

質問の流れとしては，まず，簡単に答えられる質問や一般的な質問から入り，徐々に難しい質問や細かい質問に進むようにする（**図13-1**参照）。いきなり難しい質問から入ると回答者は負担に感じ，以降の回答を拒否されることにもなる。

図 13-1　質問の流れ

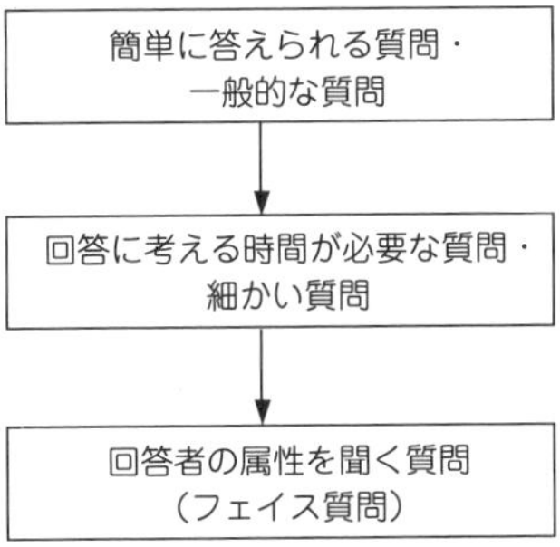

```
┌─────────────────────┐
│ 簡単に答えられる質問・　│
│ 一般的な質問　　　　　　│
└─────────────────────┘
          ↓
┌─────────────────────┐
│ 回答に考える時間が必要な質問・│
│ 細かい質問　　　　　　　│
└─────────────────────┘
          ↓
┌─────────────────────┐
│ 回答者の属性を聞く質問　│
│ （フェイス質問）　　　　│
└─────────────────────┘
```

年代，性別，職業，学歴，年収など回答者の個人属性に関する質問（「フェイス項目」という）は，回答者の抵抗感を減らすために，質問紙の最後に配置した方が良い。

フェイス項目は，別のデータと組み合わせて集計をする分析（クロス分析と呼ぶ）などに用いられる（たとえば，男女別に野菜を食べる頻度の違いを分析するなど）。クロス分析については，次章で説明する。

以下にフェイス質問の例をあげておく。

あなたご自身についてお伺いします。
F1　年代
　1．19歳以下　2．20-29歳　3．30-39歳　4．40-49歳　5．50-59歳
　6．60-69歳　7．70歳以上
F2　性別
　1．男性　2．女性
F3　未既婚
　1．結婚していない　2．結婚している　3．その他
F4　職業
　1．学生　2．会社員・公務員　3．経営者・自営業　4．専業主婦
　　5．パートタイム　6．その他の職業（　　　　）　7．無職
F5　同居形態（ご自身を含めた同居者数）
　1．単身　2．2人　3．3人　4．4人　5．5人　6．6人以上
F6　世帯年収
　1．400万円未満　2．400万円以上～600万円未満　3．600万円以上～800万円未満　4．800万円以上～1,000万円未満　5．1,000万円以上～1,200万円未満　6．1,200万円以上～1,500万円未満　7．1,500万円以上　8．分からない・答えたくない

(2) 関連する質問項目はまとめて配置する

　質問内容がとびとびであると，回答者は答えにくくなるため，同じ内容の項目はまとめて配置する。たとえば，消費者の衣・食・住に関する調査をする場合には，「衣」に関する質問，「食」に関する質問，「住」に関する質問は，それぞれまとめて配置する方が良い。

(3) キャリーオーバー効果を避ける

前に配置された質問が，後ろの質問の回答に影響をもたらすことがある。このような効果のことを「キャリーオーバー効果」(持ち越し効果) という。「キャリーオーバー効果」を避けるためには，質問の順序の変更や，質問を離して配置するなどが必要である。

たとえば，「緑茶の健康効果」に関する質問の直後に，「緑茶の購入意向」に関する質問を配置したとしよう。おそらく，この場合，緑茶を購入したいという肯定的な回答は増えることになる。

このような場合には，質問順序が回答に影響を与えないように，購入意向を先に配置し，商品の長所（短所）を後に配置する。

キャリーオーバー効果が発生しやすい質問順序の例
問1　「緑茶成分のカテキンには，抗酸化，抗がん，抗ウィルス作用があることを知っていますか。」
　　　　　　　　↓
問2　「あなたは，緑茶を買いたいと思いますか。」

3．測定尺度の性質

データを収集するためには，各サンプルの状態を何らかの方法で測定しなければならない。サンプルの状態とは，たとえば，性別，年齢，成績，態度などである。そのために用いられるのが測定尺度である。

測定尺度には，「名義尺度 (nominal scale)」「順序尺度 (ordinal scale)」「間隔尺度 (interval scale)」「比例尺度 (rational scale)」の4つがある。

(1) 名義尺度

名義尺度は，単に対象を識別することを目的とした尺度である。たとえば，

「性別をお教えください。1．男性　2．女性」という質問における1, 2は名義尺度である。これらの数字には，順序や間隔などの意味はなく，符合としての意味だけがある。つまり，女性2－男性1＝1ということはありえないし，女性を1，男性を2としても何ら問題はない。

(2) 順序尺度

順序尺度は，大小関係，順序関係を表す尺度であり，数値の順序に意味がある。たとえば，運動会の100m走の順位（1位，2位，3位…）などは，順序尺度である。

順序尺度は，数値が順序の情報をもつが，順位間の違いの程度についての情報はともなっていない。つまり，1位と2位との差は，2位と3位との差に等しいとは言えない。

次のようなランキングデータは，典型的な順序尺度である。順位の違いは分かるが，1位と2位の間にどの程度の差があるのかは分からない。

野菜の売れ筋ランキング
1　高糖度トマト
2　サツマイモ
3　スナップエンドウ
4　ブロッコリー
5　エダマメ

---

(3) 間隔尺度

間隔尺度は，程度差を表す尺度である。数値の違いに数値間の間隔といった量的な情報が備わっている。たとえば，温度に関するデータは，間隔尺度である。10℃と20℃の違いは10℃と，差の計算ができる。また，今月の平均気温は15℃というように平均値を求めることができる。

一方,「20℃は10℃の2倍の暖かさである」ということはできない。つまり,間隔尺度は比率を計算することはできない。

間隔尺度の特性として,原点は任意に設定されることがあげられる。たとえば,0℃は『温度がない』ということではなく,便宜上,水が凍る点を0℃と設定しているのである。

下記の顧客満足度や美味しさの評価なども,主観的なデータではあるが,間隔尺度ととらえることがある。

問：当レストランの総合的な満足度をお教えください。
5　満足　4　やや満足　3　どちらともいえない　2　やや不満　1　不満

問：このパスタの美味しさを評価してください。
5　おいしい　4　ややおいしい　3　どちらともいえない　2　ややまずい　1　まずい

---

(4) 比例尺度

比例尺度は,程度差を表し,かつ,絶対的原点（ゼロ）をもつ尺度である。たとえば,金額,重さ,時間,売上,収入に関するデータは,比例尺度である。

比例尺度は,間隔尺度とは異なり,絶対的なゼロ（つまり,何も存在しない）をともなうため,和や差だけでなく,比率も意味を持つ。売上金額0円とは,「売上が存在しない」ことを意味している。今日の売上が20万円,昨日の売上が10万円とすると,「今日の売上は昨日の2倍である」ということができる。

以下,「名義尺度」「順序尺度」「間隔尺度」「比例尺度」の定義と,各尺度の例をまとめて示しておく。

表13-1 4つのタイプの測定尺度の定義と各尺度の例

尺度	定義と例
名義尺度	対象を識別することを目的とした尺度 例）1 男性，2 女性
順序尺度	大小関係，順序関係を表す尺度 例）運動会の100m走の順位　1位，2位，3位・・・・
間隔尺度	程度差を表す尺度 例）気温　10℃，20℃
比例尺度	程度差を表し，かつ，絶対的原点（0）をもつ尺度 例）売上額　10万円，20万円

4．尺度化技法

　回答者の態度などを尺度化するには様々な技法が用いられるが，ここでは，マーケティング・リサーチでよく使われる尺度化技法である「リッカート尺度」「SD尺度」をとりあげる。

(1) リッカート尺度

　リッカート尺度は，開発者のリッカート（アメリカの社会心理学者）にちなんで名づけられた尺度である。この評価尺度は，消費者の態度や行動などの測定に幅広く用いられている。

　回答者は，一連の質問項目に対して，賛成（そう思う）または反対（そう思わない）の程度を示すことを求められる。具体的には，以下の質問例のように，各尺度の項目を「全くそう思わない」から「非常にそう思う」に分けることが多い。

問：食品の買い物についてお聞きします。

「高い食品でも，品質が良ければ買いたいと思う」

　1．全くそう思わない　2．そう思わない　3．どちらともいえない

　4．そう思う　5．非常にそう思う

「まず，健康・栄養を考えて食品を選ぶ」

1．全くそう思わない　2．そう思わない　3．どちらともいえない
4．そう思う　5．非常にそう思う

「食品は，国内産に限ると思う」
1．全くそう思わない　2．そう思わない　3．どちらともいえない
4．そう思う　5．非常にそう思う

(2) SD尺度

　SD（Semantic Differential）尺度は，正反対の形容詞や語句が両端にある尺度法である。企業イメージやブランドイメージの調査などに利用されることが多い。

　具体的には，以下の質問例のように，「暖かい」に対し「冷たい」，「ソフト」に対し「ハード」といった反対語を配置する。なお，否定語（「暖かくない」「ソフトでない」）を用いると，リッカート尺度と同じことになるため，否定語は用いないようにする。

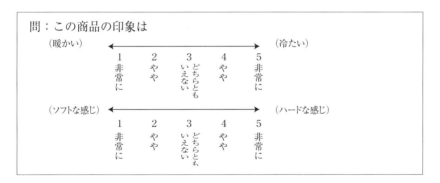

(3) 何段階がよいか

　リッカート尺度やSD尺度では，上記の(1)(2)の例のように，5段階で回答を求めることが多い。平均値を算出するなど間隔尺度として扱うには，5〜7段階程度がベターであろう。3，4，段階では間隔尺度として扱うには少

なすぎる。一方，8段階以上では，質問紙が細かくなりすぎて，回答者への負担が大きくなる懸念がある。

なお，5段階では，「どちらともいえない」という中立の回答が多くなることがある。このことを「中立化傾向」という。「賛否を決めかねている回答者」を知りたいなど，中立が意味のある質問は5段階か7段階がのぞましい。「中立化傾向」を避けたいのであれば，6段階にするとよい。7段階では，中立化傾向は起こるが，5段階に比べ緩和される。

顧客満足調査における段階の例

```
3段階：①不満　②どちらともいえない　③満足
       → 少ない
4段階：①不満　②やや不満　③やや満足　④満足
       ①非常に不満　②不満　③満足　④非常に満足
       → やや少ない
5段階：①不満　②やや不満　③どちらともいえない　④やや満足
       ⑤満足
       ①非常に不満　②不満　③どちらともいえない　④満足
       ⑤非常に満足
       → 適切・ただし中立化傾向あり
6段階：①非常に不満　②不満　③やや不満　④やや満足　⑤満足
       ⑥非常に満足
       → 適切・中立化傾向回避
7段階：①非常に不満　②不満　③やや不満　④どちらともいえない
       ⑤やや満足　⑥満足　⑦非常に満足
       → 適切・中立化傾向緩和
```

参考文献

朝野熙彦・上田隆穂『マーケティング&リサーチ通論』講談社・2000年
上田拓治『マーケティングリサーチの論理と技法』第4版，日本評論社・2010年
酒井隆『アンケート調査の進め方』第2版，日本経済新聞出版社・2012年
高田博和・奥瀬喜之・上田隆穂・内田学『マーケティングリサーチ入門』PHP研究所・2008年

第14章

基礎分析手法

　マーケティング・リサーチの目的は，単にデータを収集することではない。大切なのは，調査結果から，行動につながる戦略的な示唆を得ることである。つまり，欲しいのは「データ」ではなく，データから得られる「情報」である。調査結果から有益な情報を得るためには，データを適切に分析することが不可欠である。

　データ分析の基本は，データの分布の把握，基本統計量（平均，中央値，最頻値，分散，標準偏差など）の把握，さらには，変数間の相関関係の把握，クロス集計などである。以下では，これらの基礎的な分析手法をみていく。

1．データの分布の把握

(1) 度数分布表

　データ分析の基本は，個々のデータがどのように分布しているのかを知ることである。データの分布を知るには，度数分布表を作成するとよい。

　度数分布表とは，以下の**表14-1**のような表である。この表では，テストの得点において，20点台，30点台，40点台がそれぞれ1名，50点台が3名，60点台が4名，70点台と80点台がそれぞれ8名，90点台が4名いることを示している。

表14-1　テストの得点の度数分布表

テストの得点	人数
20点～	1
30点～	1
40点～	1
50点～	3
60点～	4
70点～	8
80点～	8
90点～	4

(2) ヒストグラム

度数分布表から，ヒストグラムを作成することによって，分布を視覚的に理解することができる。ヒストグラムとは，ある区間内のデータ個数を長方形の柱の面積で表示したものである。

図14-1は，上記の度数分布表を用いて作成したヒストグラムである。このヒストグラムから，データの分布は左右対称ではなく，右側に山がある分布であることが視覚的に分かる。

なお，ヒストグラムの柱が密着しているのは，データが数量的に連続していることを示している。区間の幅や数の設定には決まったルールはないので，分布の状況が視覚的に分かりやすいように設定する。この例では，10点刻みとしている。

図14-1　テストの得点のヒストグラム

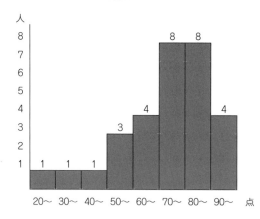

2．平均

平均には，「計算による平均」と「位置による平均」がある。一般的に使われる「算術平均（mean）」は，計算による平均である。単に「平均」とい

えば「算術平均」を指す。

この他，計算による平均には，比率の平均などで用いる「幾何平均」や，速度の平均などに用いる「調和平均」等がある。一方，位置による平均には，「中央値（median）」「最頻値（mode）」がある。

(1) 算術平均（mean）

①算術平均とは

算術平均（もしくは単に「平均」）は，データを合計し，それをデータの個数（n）で割ったものである。

xの平均は，以下の式で求められる。（xの平均は，xの上にバーをつけて表し，エックス・バーと読む）。なお，Σ（シグマ）はデータを合計することを意味している。

$$\bar{X} = \frac{1}{n}\sum_{i=1}^{n} x_i$$

平均で注意すべきことは，平均は必ずしも"真ん中"を意味しないということである。

たとえば，「わが国の世帯平均貯蓄額が1,680万円」と聞くと，多くの人は，貯蓄額1,680万円が一般的だと思いがちである。貯蓄額が600万円の人がこの話を聞くと，「自分は，一般的な人々より1,000万円以上も低い」と嘆くかもしれない。しかし，嘆く必要はない。図14-2は，貯蓄額（残高）の分布を示すヒストグラムである。この図から明らかなように，貯蓄額「200万円未満」の世帯が最も多い。全体の3分の2が平均値1,680万円を下回っているのである。

貯蓄額のように，分布に偏りがある場合，算術平均は代表値とはならない。算術平均は，極端な値の影響を受けやすい。たとえば，このデータにビルゲイツのような億万長者が1人加わっただけで，貯蓄額の平均値は大きく増加してしまう。

図14-2 貯蓄残高の分布のヒストグラム（二人以上の世帯）

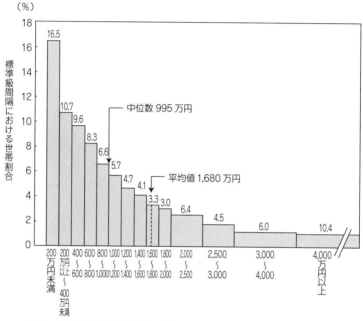

資料：総務省 統計局（平成20年）

②平均値は抽象的な値かもしれない

ここで次の質問を考えてみよう。

> 質問：ある地域の1世帯あたり家族数の平均値が，「3人」であると発表された。それを受けて，A社（マンションメーカー）は，当該地域に，3人家族用のマンションを増やしていくことにした。
> この判断は，正しいか？

正解は，「この情報だけでは，正しいか，正しくないかは判断できない」である。正しい判断をするためには，度数分布表やヒストグラムを作成して，データの分布を把握する必要がある。

たとえば，上の質問で，2人家族と4人家族がそれぞれ50％のケースも平均3人である。この場合，平均値は"どの世帯にもあてはまらない抽象的な値"である。平均値に合わせたマンションを供給すると，誰の満足も得られないことになってしまう。

③平均値は，バランスポイント

では，平均値とは何だろうか。平均は代表値ではなく，データの重心（バランスポイント）である。下記の図のA，B，Cのデータの分布は大きく異なるが，いずれも5（平均値）のところにシーソーの支点（▲で表示）を置いたとすると，バランスをとることができる。その値が平均である。

図14-3　バランスポイントとしての平均

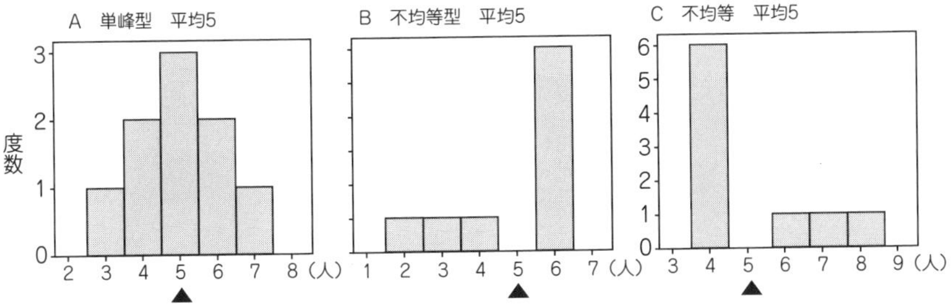

(2) 中央値（median）

中央値は，位置による平均値のひとつであり，"真ん中の値"という意味を持つ。データを大きさの順番に並べていって，ちょうど真ん中に来る値が中央値である。したがって，中央値より大きいデータの個数と中央値より小さいデータの個数は等しくなる。

> 中央値より大きいデータの個数＝中央値より小さいデータの個数

既述の貯蓄残高の事例（**図14-2**参照）では，貯蓄金額の低い世帯から高

い世帯へと順に並べると、ちょうど真ん中になる世帯の貯蓄残高、すなわち中央値（中位数）は995万円である。

　データの個数が奇数の場合は、真ん中の値が中央値となる。データ個数が偶数の場合は、ちょうど真ん中に来る値がないため、真ん中に位置する2つのデータの平均を中央値とする。

データ個数nが奇数のとき：中央値は、$\dfrac{(n+1)}{2}$ 番目のデータ

データ個数nが偶数のとき：中央値は、$\dfrac{n}{2}$ 番目のデータとその次のデータの平均値

　中央値は、位置による平均であるため、算術平均と異なり、変数の極端な値に影響されない。たとえば、先に見た貯蓄額のようなデータの場合、億万長者が1人加わっただけで、算術平均は大きく変動するが、中央値は1人分ずれるだけである。中央値においては、1人の億万長者には、1人の一般人でつりあうのである。

(3) 最頻値 (mode)

　最頻値も、位置による平均値である。データの中で、もっとも多く観測される値が最頻値であり、ヒストグラムを作成したときに、分布の頂点にくる。

　英和辞書でmodeを引くと「流行」とある。modeは、ビジネスにおいて、とても重要な値である。たとえば、靴の小売店を考えてみよう。どのサイズの靴の品揃えを多くしておくべきか。それは、顧客の靴サイズの平均値でもなく、中央値でもなく、最頻値であろう。

(4) 平均値、中央値、最頻値の関係

　平均値、中央値、最頻値の大小関係は、データの分布型によって異なる。何をもって、データの代表とみなすかは、ヒストグラムを書き、分布のパタ

① 右に山があり，左すその長い分布のとき

右の図のように，右に山があり，左すその長い分布のときは，平均値が最も小さく，次が中央値，最頻値が最も大きくなる。

② 左に山があり，右すその長い分布のとき

右の図のように，左に山があり，右すその長い分布のときは，最頻値が最も小さく，次が中央値，平均値が最も大きくなる。**図14-2**に示した貯蓄額の分布は，このタイプである。

③ 真ん中に山がひとつで，左右の面積が等しいとき

右の図のように，真ん中に山がひとつで，左右の面積が等しいときは，平均値，中央値，最頻値が一致する。

3．ばらつきの尺度

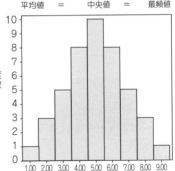

平均値，中央値，最頻値だけでは，データの構造を記述するには十分でない。たとえば，下の図のA，B，Cをみてみよう。

いずれも，平均値＝5，中央値＝5，最頻値＝5であるが，明らかにデー

図14-4　平均値＝最頻値＝中央値＝5

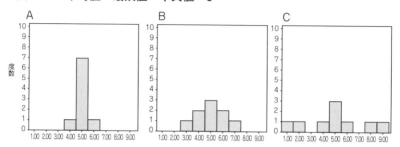

タの構造は異なる。異なるのは、データの「ばらつき」である。データの分析においては、「ばらつき」を把握することも大切である。ここでは、データのばらつきを表す尺度を説明しよう。

(1) レンジ

　レンジ（範囲）は、その名の通り、最大値と最小値の差と定義される。たとえば、テストの最高点が100点、最低点が10点だとすると、レンジは100（点）－10（点）で90点となる。

　レンジの算出は容易であるが、最大値と最小値の2つのデータしか利用しないため、情報の損失量は大きい。個々のデータのばらつきを考慮して算出する尺度が、後述する「分散」や「標準偏差」である。

(2) 偏差

「分散」や「標準偏差」を説明する前に、まず、「偏差」を理解する必要がある。「偏差」とは、データから平均値を引いたものである。個々のデータ X_i が、平均 $\overline{X}$ からどれ位離れているかを示す。

$$偏差 = X_i - \overline{X}$$

　偏差は、個々のデータから平均値を差し引いたものであるため、全体ではプラスとマイナスの値が相殺されて0になる。全体のばらつきを把握する統

計値としては，以下に示す「分散」や「標準偏差」がある。

(3) 分散

偏差を単純に合計すると0になるので，各データの偏差を2乗し，合計する。それをデータ数n−1で割ったものが「分散」である。

分散の算出の手順を以下に示す。

データの平均値（$\overline{X}$）を算出
　　　↓
個々のデータ（X_i）について，平均値からの差を算出する（これが「偏差」である）
　　　↓
偏差の2乗を算出し，合計する（これを「偏差平方和」という）
　　　↓
偏差平方和をデータ個数n−1で割る（これが「分散」である）

これを式で表すと，以下のようになる。

$$\frac{\sum_{i=1}^{n}(X_i-\overline{X})^2}{n-1}$$

(4) 標準偏差

標準偏差は，標準的なばらつきを表す，重要性が高い統計量である。分散の平方根をとったものが，標準偏差である。

$\sqrt{分散}$ = 標準偏差

なぜ，平方根をとるのか。分散は偏差を二乗して算出するため，たとえば，もとの単位がメートル（m）だったとすると，分散の単位は平方メートル（m^2）

になってしまう。もとの単位に戻すために平方根をとると考えるとよい。

標準偏差を式で表すと，以下のようになる。

$$\sqrt{\frac{\sum_{i=1}^{n}(Xi-\overline{X})^2}{n-1}}$$

たとえば，標準偏差が1メートルだとすると，「データは大小さまざまであるが，標準的には平均値プラス・マイナス1メートルのばらつきがある」ことを意味している。

また，下の図14-5に示す通り，データが正規分布のとき，±1×標準偏差（σ）の範囲に全体の68%が含まれる。同じく，±2×σの範囲には全体の95%が，±3×σの範囲には全体の99%が含まれる。もし，平均値から標準偏差の3倍以上離れたデータがあったとすると，それは99%ありえないような極端な値ということである。

図14-5 標準偏差と正規分布

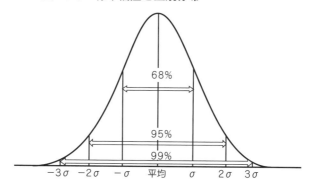

4．相関分析

ここまでは，単一変量のデータ記述について説明した。つづいて，2つの変量からなるデータの記述方法について考える。

(1) 相関

2個の数値のペア（たとえば，中間テストの得点と期末テストの得点）からなるデータを2変量データといい，2変量データの関係を相関という。

2つの量があり，一方が大きくなれば，他方も大きくなるのが，「正の相関関係」である。たとえば，「気温」と「ビールの消費量」との関係はこれに該当する（暑いほど，ビールの消費量が増える）。

逆に，一方が大きくなれば，他方が小さくなるのが，「負の相関関係」である。たとえば，「気温」と「おでんの消費量」との関係は負の相関関係になるだろう（暑いほど，おでんの消費量が減る）。

(2) 散布図

2変量データは，「散布図」に表すと分布の様子がよく分かる。散布図では，「時間的に先行する変数」，「原因となる変数」があれば，その変数を横軸（x軸）にとる。

下の図は，「中間テストの点数」と「期末テストの点数」，および，「中間テストの点数」と「体重」の散布図である。前者には強い正の相関があることが分かる。一方，後者には相関がほとんどないことが視覚的にも明らかである。

図 14-6　散布図

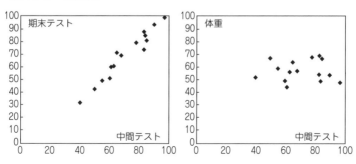

(3) 相関係数

2変数間の関係が直線的である場合，その関係の強さを示す指標が「相関係数」である。変数XとYの相関係数は下記のように定義される。

$$変数 X と変数 Y の相関計数 = \frac{X と Y の共分散}{(X の標準偏差)(Y の標準偏差)}$$

ここで，XとYとの共分散とは，XとYそれぞれの平均値との偏差を掛けあわせ，その平均を求めたものであり，次のように表すことができる。

$$\frac{\sum_{i=1}^{n}(Xi-\overline{X})(Yi-\overline{Y})}{n-1}$$

相関係数は，エクセルや統計ソフトウェアを利用すれば容易に計算できる。大切なのは，以下に示す，相関係数の性質を理解しておくことである。

① −1から1までの値をとる。
② 絶対値が1に近づくほど，強い線形の関係を示す。
③ r = 1のときデータは全て右上がりの直線上にある。r = − 1のときデータは全て右上がりの直線上にある。
④ r = 0のとき，線形の関係は存在しない。(ただし，曲線的な関係はあるかもしれない)

社会科学の分野では，次のように相関係数を解釈することが多い。

相関係数	解釈
0.0 〜 ±0.2	ほとんど相関がない
±0.2 〜 ±0.4	やや相関がある
±0.4 〜 ±0.7	かなり相関がある
±0.7 〜 ±1.0	強い相関がある

なお，図14-6の散布図で示した「中間テストの成績」と「期末テストの成績」の相関係数は0.97，「中間テストの成績」と「体重」の相関係数は0.00である。

(4) 擬似相関

相関の分析をするときには，「疑似相関」に注意する必要がある。疑似相関とは，第三変数の影響による"見せかけの相関"のことである。

たとえば，「おでんの売れ行き」と「灯油の売れ行き」を分析したところ，正の相関関係がみられたとしよう。おでんの売れ行きが上がれば，灯油の売上も上がるという関係があるといえるのだろうか。

おそらく，これには「気温」という第三の変数の影響が考えられる。寒くなれば，おでんが売れるようになる。同様に，寒くなれば，暖房用として灯油の売上もあがる。したがって，「おでんの売れ行き」と「灯油の売れ行き」には正の相関関係があるようにみえるのである。ともに，「気温」の結果であり，おでんを一生懸命販売すれば灯油が売れるといったことではない。

真の相関関係があるのかを調べるためには，気温を一定にしたときに（これを"統制"という），両者にどのような関係があるのかを調べる必要がある。

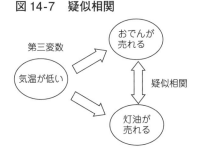

図14-7　疑似相関

(5) 相関と因果関係

我々は，相関関係があると，因果関係を見出そうとする性向がある。相関関係と因果関係（「原因」と「結果」の関係）とは違う。

たとえば，企業の「コンピュータなどITへの投資額」と「業績」の間に正の相関関係があったとしよう。「IT投資額が多い企業ほど，業績が良い。したがって，企業は積極的にIT分野へ投資をすべきである」と思い込みがちである。

しかし，実際は原因と結果が逆の可能性もある。つまり，「業績が良く資金的余裕がある企業ほど，ITへの投資が多くできる」のかもしれない。また，先に述べた疑似相関の可能性や，たまたま2変量の動きが同じだった可能性もある。相関関係から短絡的に因果関係を推測してはいけない。

どちらが原因？
(原因)　　　　　(結果)
「IT投資額」　→　「好業績」　(IT投資をしたから，好業績)
「好業績」　　→　「IT投資額」　(好業績だから，ITへ投資が多くできる)

Aが「原因」，Bが「結果」である因果関係が成立するためには，
- Aが時間的にBより先行している（時間的先行性）。
- Aが意味的にBより先行している（意味的先行性）。
- AとBの共通原因となりうる要因を統制しても，両者に関係が見出される。
- AとBの関連の普遍性（時間，場所，対象の選び方によらず同様に関係が認められる）

などを満たす必要がある。

5．クロス集計

クロス集計は，名義尺度や間隔尺度（前章参照）などで測定された2つの項目を，組み合わせて集計する方法である。

たとえば，表14-2は，東京都の男女500人を調査対象として，「和菓子の

表14-2　「性別」と「和菓子が好きである」のクロス集計

		和菓子が好きである					
		その通り	ややその通り	どちらともいえない	やや違う	違う	合計
男性	人数	53	79	78	29	11	250（人）
	%	21.2%	31.6%	31.2%	11.6%	4.4%	100.0%
女性	人数	95	89	35	21	10	250（人）
	%	38.0%	35.6%	14.0%	8.4%	4.0%	100.0%

好き嫌い」（5段階の間隔尺度）を「男女別」（名義尺度）に集計し，クロス表を作成したものである。

この表には，男女別に各回答パターンに該当する人数（度数）が示されている。パーセント（％）は，右端の合計値に対する割合を示している。

この表から，女性の方が男性に比べ，和菓子好きの割合が高いことが分かる。

クロス集計データは，パーセントを用いて「帯グラフ」に表すと視覚的に分かりやすくなる（**図14-8**参照）。

図14-8　「性別」と「和菓子が好きである」の帯グラフ

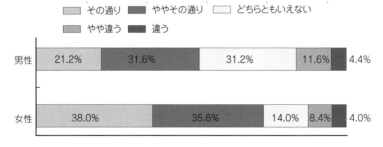

参考文献

得津一郎『はじめての統計』有斐閣・2002年
盛山和夫『社会調査法入門』有斐閣・2004年
本多正久・牛澤賢二『マーケティング調査入門―情報の収集と分析』培風館・2007年
酒井隆『マーケティングリサーチハンドブック― リサーチ理論・実務手順から需要予測・統計解析まで』日本能率協会マネジメントセンター・2004年

第15章

応用分析手法

　前章では，基礎統計量の把握など，基礎的な分析手法をみてきた。本章では，実際のマーケティング・リサーチでよく用いられる応用的な分析手法をみていこう。

1．特化係数

　—食などの地域性を探る—

　特化係数は「地域係数」とも呼ばれ，産業構造の地域特性や消費構造の地域特性などの分析に用いられることが多い。たとえば，食に関する地域特性などを調べるときに，特化係数は便利な指標である。

　特化係数は下記の通り算出する。

$$特化係数 = \frac{地域 A における当該項目の構成比（\%）}{地域全体における当該項目の構成比（\%）}$$

　たとえば，全国において酒類の支出に占める日本酒の割合が20％，A県では30％，B県では10％だとしよう。この場合，A県の日本酒に対する特化係数は30÷20で1.5，B県は10÷20で0.5となる。

　特化係数が1を上回っているということは，該当項目に特化していることになる。その値が大きければ大きいほど，特化の度合いが強いことを示す。逆に1を下回れば，その項目には特化していないことを示す。

　下の**表15-1**は，酒類の消費に関して，実際に地方別の特化係数を算出したものである（データは，総務省の家計調査を利用した）。

表15-1　特化係数（酒類）

	日本酒	焼酎	ビール
北海道	0.9	1.0	1.0
東北	1.3	1.2	0.9
関東	1.0	1.0	1.0
北陸	1.3	0.7	1.1
東海	1.0	0.9	1.1
近畿	1.1	0.8	1.1
中国	1.0	1.2	1.0
四国	0.8	1.0	0.9
九州	0.7	1.6	0.9
全国	1.0	1.0	1.0

資料：家計調査（平成20年版）より作成。

　この表から，東北や北陸は「日本酒」に特化していること，逆に，九州は「焼酎」に特化していることが分かる。一方，「ビール」の特化係数はいずれの地方も0.9～1.1程度であることから，ビールには消費の地域性がほとんどないことも分かる。

2．パレート分析

　―優良顧客や売れ筋商品を探る―

　マーケティングにおいて，パレート分析は，「優良顧客の抽出」や「売れ筋商品の抽出」などに用いられることが多い。この分析を利用して顧客や商品を，「Aグループ」（優良顧客・売れ筋商品），「Bグループ」（普通の顧客・商品），「Cグループ」（非優良顧客・死に筋商品）に類型化することもあることから，ABC分析とも呼ばれる。

　パレート分析によって作成される図を，パレート図と呼ぶ。下の図は，顧客の購買金額に関するパレート図である。小売業などでは「上位2割の顧客で，売上全体の8割を稼ぐ」（2対8の法則）と言われることが多いが，下のパレート図はそのような状態を示している。この図の作成手順は，以下のとおりである。

購買金額が多い順に顧客を並べる
↓
売上の合計を100とした構成比（％）を顧客ごとに算出する
↓
購買金額が高い順に，構成比（％）を累計していく

　すべての顧客の購買額が等しい場合，パレート図は右上がりの対角線と一致する。通常は，顧客によって購買額は異なるため，**図15-1**のような弓型の曲線となる。顧客間の購買金額の格差が大きいほど，弓の弧は大きく膨らむ。

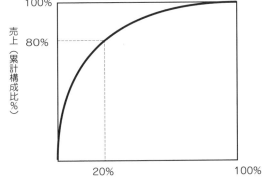

3．消費者空間行動分析

―消費者はどこで買物をするのか―
　消費者空間行動分析とは，たとえば，「ある地域に存在する消費者が，どの地域の小売施設で食料品を購入するのか」といった分析のことである。
　消費者空間行動の分析によく用いられるのがハフ・モデルである（ハフは，このモデルを開発したアメリカの学者の名前）。

ハフ・モデルでは，消費者の買物場所の選択確率は，その買物場所の「売場面積」に比例し，その場所までの「時間距離」の2乗に反比例すると考える。つまり，売場面積が大きい小売施設ほど消費者を引き付ける力を持ち，逆に，時間距離が遠くなると消費者を引き付ける力が減少するということである。

ハフ・モデルは，下記のように規定される。

$$P_{ij} = \frac{\frac{A_j}{T_{ij}^2}}{\sum_{j=1}^{n} \frac{A_j}{T_{ij}^2}}$$

ここで，P_{ij} は，i地域の消費者が買物場所jを選択する確率

A_j は，買物場所jの売場面積

T_{ij} は，i地域から買物場所jまでの時間距離

具体的な計算例を紹介しよう。

ここでは，単純化のために，地域（i）に住む消費者の買物場所が「A店（売場面積16,000㎡）」と「B店（売場面積1,000㎡）」の2か所のみだとする。地域（i）からA店までの所要時間が20分，B店までの所要時間が10分だとしよう（下図参照）。

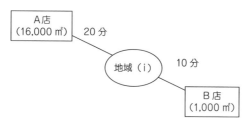

この場合，A店が選択される確率をハフ・モデルで算出すると

$$\frac{16,000 / 20^2}{(16,000 / 20^2)(1,000 / 20^2)} = 80\% \text{ となる。}$$

一方，B店が選択される確率は，

$$\frac{1,000 \big/ 20^2}{\left(16,000 \big/ 20^2\right)\left(1,000 \big/ 20^2\right)} = 20\% \quad \text{となる。}$$

すなわち，地域（i）に住む消費者の80％はA店を選択し，20％はB店を選択すると推定される。

また，ハフモデルを利用することによって，新たな小売り施設の出店が消費者行動に及ぼす影響や，移動時間の短縮が消費者行動に及ぼす影響なども分析することができる。

4．多変量解析のマーケティングへの適用

ここからは「多変量解析」と呼ばれる分析手法をとりあげ，多変量解析のマーケティングへの適用事例を紹介する。多変量解析を活用したマーケティングデータの分析は，SPSSなどの統計ソフトウェアを利用することが多い。

ここでは代表的な多変量解析手法として，「回帰分析」「因子分析」「多次元尺度法」「コレスポンデンス分析」「クラスター分析」を紹介しよう。

なお，ここでの説明は基本的な内容にとどめるので，多変量解析の詳細について，さらに深く学びたい読者は，マーケティングリサーチや多変量解析の専門書などで学習を深めてほしい。

(1) 回帰分析を利用した顧客満足度分析

顧客満足度に関するリサーチでは，現状の顧客満足度を把握するだけでなく，「何を改善すれば顧客満足度がさらに上がるのか」を分析することも重要である。このようなとき役に立つのが，「回帰分析」である。

―原因と結果を分析する―

回帰分析は，因果関係を分析する代表的な予測モデルである。原因に相当

する変数（「説明変数（もしくは独立変数）」と呼ばれる）を利用して，ある結果を予測する。結果に相当する変数は「被変数説明（もしくは従属変数）」と呼ばれる。

説明変数（原因）→ 被説明変数（結果）

たとえば，小売店において，「商品の品質」が向上すると「顧客満足度」は高まるものと思われる。この場合，原因に相当する「商品の品質」は，説明変数である。結果に相当する「顧客満足度」は，被変数説明である。

回帰分析のうち，1つの説明変数で被説明変数を予測するものを「単回帰分析」という。複数の説明変数で，被説明変数を予測するものを「重回帰分析」という（重回帰の「重」は「複数」の意味である）。

単回帰分析よりも，重回帰分析の方が一般的に予測精度は高くなる。このことは，たとえば「子供の身長」（被説明変数）を「父親の身長」だけから予測するよりも，「父親の身長」と「母親の身長」から予測する方が精度が高くなりそうなことからも推測できるだろう。

―いかに顧客の満足度を高めるか―

ここから，重回帰分析の顧客満足度への適用事例をみてみよう。回帰分析を顧客満足度分析に利用することで，どの要因が総合的な顧客満足度に効いているのかが分析できるため，企業等が顧客満足度を高めるためのポイントを把握することができる。

顧客満足度分析に必要なデータは，「総合満足度」（被説明変数），および，総合満足度に影響しそうな諸要因（たとえば，「品質」「価格」など）の評価（説明変数）である。これらの変数は5段階から7段階程度のスケールで評価することが多い。

消費者に対する具体的な質問項目の例は，以下のようになる。

（説明変数）

「味の評価をお教えください」
　　5　良い　4　やや良い　3　どちらともいえない　2　やや悪い
　　1　悪い

「接客態度の評価をお教えください」
　　5　良い　4　やや良い　3　どちらともいえない　2　やや悪い
　　1　悪い

　　　　　　　・
　　　　　　　・
　　　　　　　・

（被説明変数）

「当店の総合的な満足度をお教えください」
　　5　満足　4　やや満足　3　どちらともいえない　2　やや不満
　　1　不満

たとえば，ある飲食店の顧客満足度調査をするとしよう。「総合的満足度」に影響を与えそうな要因（被説明変数）が，「味」「価格の安さ」「接客態度」「待ち時間」の4つだったとする。このとき，重回帰モデルの概念図は，**図15-2**のようになる。

図15-2　飲食店の顧客満足度の重回帰モデル（概念図）

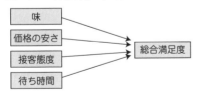

この重回帰モデルを式に表すと下記のとおりである。

$$y = a + b_1 x_1 + b_2 x_2 + b_3 x_3 + b_4 x_4$$

ここで，yは「総合満足度」
x_1は，「味」に関する評価
x_2は，「価格の安さ」に関する評価
x_3は，「接客態度」に関する評価
x_4は，「待ち時間」に関する評価
aは定数項，b_nはそれぞれの変数の傾き（偏回帰係数と呼ぶ）

重回帰分析に対応する統計ソフトウェアなどによって，上の式のa(定数項)とb_n(偏回帰係数)を統計的に推計することができる。

偏回帰係数とは，当該項目の評価値が1単位増加したときの総合満足度の増加量である。この数値が大きい要因ほど，総合満足度に影響を与えているということを意味する。

統計ソフトウェアを利用した推計の結果，たとえば，b_1（味の偏回帰係数）が0.6，b_2（価格の安さの偏回帰係数）が0.2，b_3（接客態度の偏回帰係数）が0.3，b_4（待ち時間の偏回帰係数）が0だったとしよう。

この結果からは，「接客態度」が総合満足度に最も影響を与えていること（偏回帰係数が0.6と最も大きいため）。「待ち時間」は総合満足度には影響をしていないこと（偏回帰係数が0であるため）などが分かる。すなわち，この飲食店の顧客満足度を高めるためには，「味」がもっとも重要なポイントになることや，「待ち時間」を改善しても顧客満足度には変化がないことが示唆される。

(2) 因子分析を利用したポジショニング分析

―企業や商品のポジションを把握する―

ポジショニングとは，競合する企業，商品，ブランドなどに対して，自社や商品，ブランドの位置づけを行うことである。ここでは因子分析を利用したポジショニング手法をみていこう。

因子分析は，多くの変数の背後に潜む「潜在的な次元」を発見し，変数を少数の次元に整理する手法である。抽出された因子の得点（因子スコア）を用いて，対象（企業，ブランドなど）のポジショニングを行うことができる。

ここでは，緑茶の産地ブランドイメージに関する因子分析の事例をみてみよう。取り上げたブランドは，「静岡茶」「宇治茶」「狭山茶」「八女茶」および「鹿児島茶」の5ブランドである。

これら5ブランドのイメージについて，それぞれ「おしゃれである」「洗練されている」等の12項目を消費者に評価してもらった。質問の一部は下記のとおりである。

「静岡茶は，おしゃれである」
　　5　その通り　4　ややその通り　3　どちらともいえない　2　やや違う　1　違う

「静岡茶は，洗練されている」
　　5　その通り　4　ややその通り　3　どちらともいえない　2　やや違う　1　違う

「静岡茶は，高級感がある」
　　5　その通り　4　ややその通り　3　どちらともいえない　2　やや違う　1　違う

因子分析の結果，3つの因子が抽出されている（**表15-2**参照）。つまり，12の評価項目の背後に3つの因子が存在するいうことである。なお，表の数字は「因子負荷量」と呼ばれ，各因子と各項目の相関係数である。

因子のネーミングは分析者が行う。この事例では，第1因子は，「おしゃれである」「洗練されている」などの項目との相関が高いことから，『高級因子』と名付けられている。第2因子は，「お得である」「経済的である」との関連が高いことから『経済的因子』と名付けられている。第3因子は，「ありふれている」「平凡である」との関連か高いことから『大衆的因子』と名

表15-2　因子分析結果

	高級因子	経済的因子	大衆的因子
おしゃれである	**0.83**	−0.01	−0.03
洗練されている	**0.80**	0.04	0.01
特徴がある	**0.79**	0.13	−0.13
高級感がある	**0.76**	0.00	−0.14
個性的である	**0.74**	0.15	−0.16
品質が優れている	**0.72**	0.20	−0.10
信頼できる	**0.70**	0.39	−0.03
安心できる	**0.68**	0.44	−0.01
お得である	0.15	**0.93**	0.07
経済的である	0.12	**0.87**	0.11
ありふれている	−0.13	0.09	**0.91**
平凡である	−0.10	0.06	**0.83**

注：数字は因子負荷量。0.5以上のものを太字で表示。

図15-3　因子分析を利用した緑茶ブランドのポジショニング

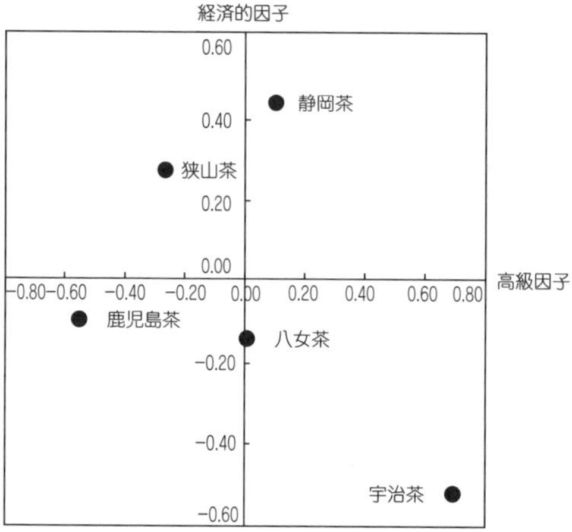

付けられている。

　因子分析を利用することによって，ブランドのポジショニングマップを作成することができる。**図15-3**は，第1因子（高級因子）と第2因子（経済的因子）の因子スコアを用いて，各ブランドを二次元に配置したものである。この図からは，宇治茶ブランドは高級イメージが高いことや，静岡茶ブランドは経済的イメージが高いことなどが分かる。

(3) 多次元尺度法を利用したポジショニング分析

―似たもの同士を近くに配置する―

多次元尺度法（Multi Dimensional Scaling: MDS）は，類似性をもとに対象（企業，ブランドなど）を多次元空間上に位置づける手法である。類似性の低い対象同士は離れ，類似性の高い対象同士は近接する形で空間上に配置される。

ここでは，多次元尺度法を利用した百貨店のポジショニングの事例をみてみよう。

分析に利用したデータは，百貨店の類似度データである。具体的には，回答者に百貨店のペアを提示し，その類似度を「よく似ている」(1)～「まったく似ていない」(5)までの5段階で消費者に評価してもらっている。

質問の一部は，下記のとおりである。

下記のペアの類似度をお教えください。

「三越」と「高島屋」

　1　よく似ている　2　似ている　3　どちらともいえない　4　似ていない　5　まったく似ていない

「三越」と「伊勢丹」

　1　よく似ている　2　似ている　3　どちらともいえない　4　似ていない　5　まったく似ていない

（以下，すべてのペアについて類似度を聞いている）

多次元尺度法を利用して作成した，百貨店のポジショニングマップは，下の図15-4のとおりである。この図をみると，「丸井」が独自のポジションにあること，「三越」と「高島屋」が近いポジションにあること，「東急百貨店」「小田急百貨店」「東武百貨店」が近いポジションにあることなどが分かる。

図15-4 多次元尺度法を利用した百貨店のポジショニング

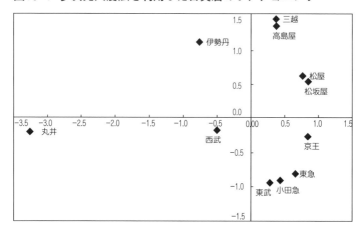

(4) コレスポンデンス分析を利用したポジショニング分析

―クロス表をもとに2変量の関係をポジショニングする―

コレスポンデンス分析は，クロス表の表頭・表側のカテゴリーを，同一空間上にポジショニングする手法である。コレスポンデンス分析に利用するデータは，クロス表のデータである。

例をあげよう。**表15-3**は，「飲料」（表頭）と「そのイメージ」（表側）のクロス表のイメージである。

この表のような形式のデータがあれば，コレスポンデンス分析によってポジショニングマップを作成することができる（**図15-5参照**）。

この図からは，「コーヒー」「紅茶」「急須で入れる緑茶」が近いポジションにあり，競合関係にあることや，これらの飲料が「リラックス」「やすらぎ」「味わい」といったイメージでとらえられていることが分かる。一方，「ミネラルウォーター」「緑茶ドリンク」「スポーツドリンク」が近いポジションにあり，競合関係にあることや，これらの飲料は「便利」「さわやか」「すっきり」といったイメージでとらえられていることなどが分かる。

表15-3 「飲料」と「そのイメージ」のクロス表

	急須で入れる緑茶	緑茶ドリンク	コーヒー	紅茶
喉の渇きのいやし	76	210	41	24
リフレッシュ	81	80	350	52
さわやか	73	173	40	60
すっきり	89	209	56	30
健康・ヘルシー	211	181	20	15
美容	157	128	12	26
便利	43	457	86	28
おしゃれ	84	58	177	311
情緒	698	81	86	54
やすらぎ	542	107	208	88
リラックス	365	79	360	123
ゆとり	451	59	273	155
味わい	444	54	363	79
安心	530	85	130	48

図15-5 コレスポンデンス分析を利用した飲料のポジショニング

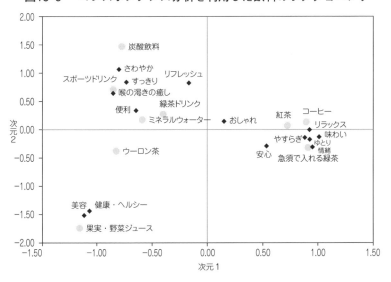

(5) クラスター分析を利用したマーケット・セグメンテーション

マーケット・セグメンテーション（市場細分化）とは，市場を何らかの基準でいくつかに分割することである。分割された市場を市場セグメントと呼ぶ。

ウーロン茶	ミネラルウオーター	炭酸飲料	果実・野菜ジュース	スポーツドリンク
66	340	76	9	158
19	47	285	25	61
47	109	350	53	95
132	132	250	27	75
134	112	7	282	38
109	159	3	380	26
57	179	24	56	70
24	242	31	38	35
28	27	7	10	9
22	15	6	6	6
20	29	14	6	4
21	24	6	10	1
23	9	9	17	2
19	143	5	31	9

単位：人

　ここでは，マーケット・セグメンテーションによく利用される多変量解析手法として，クラスター分析を取り上げる。

―似たもの同士をグルーピングする―

　クラスター分析は，似ているもの同士をいくつかのグループ（クラスター＝群，集団）に分類する多変量解析手法である。意識や行動などの変数を用いて，回答パターンが似た者同士を同じグループに，異なるグループはなるべく離れるように分割を行う。

　以下は，クラスター分析によって，女性（OL）のライフスタイル・セグメンテーションを行った事例である。分析に用いたデータは，ライフスタイルに関する因子分析で抽出された3因子（「ファッション」「学習」「グルメ」）の因子スコアである。

　クラスター分析の結果，**表15-4**に示す5つのクラスターが抽出されている。各クラスターのネーミングは，結果を解釈して，分析者が行う。第1クラスターは，「グルメ因子」の値が高く，一方，「ファッション因子」が低いことから，『花より団子』派と名付けられている。第2クラスターは，「ファッション」への関心が高いが，「グルメ」には関心度が低いことから，『団子より花』派と命名されている。以下，第3クラスターを『好奇心旺盛』派，第4

クラスターを『学びたくありません』派，第5クラスターを『無関心』派と名付けられている。

以上のようにクラスター分析を用いることで，消費者をライフスタイルでグルーピングすることができる。企業は，ライフスタイルを基準に，ターゲットの選定を行ったり，セグメントごとのマーケティング・プログラムを実行することが可能となる。

表15-4　クラスター分析結果

	第1クラスター「花より団子」派	第2クラスター「団子より花」派	第3クラスター「好奇心旺盛」派	第4クラスター「学びたくありません」派	第5クラスター「無関心」派
ファッション因子	−0.96	0.55	0.61	0.10	−1.08
学習因子	0.21	0.21	0.43	−1.48	0.16
グルメ因子	0.54	−0.76	0.54	0.07	−1.13

参考文献

岩崎邦彦『緑茶のマーケティング―茶葉ビジネスからリラックスビジネスへ』農文協・2008年

大友篤『地域分析入門（改訂版）』東洋経済新報社・1997年

ナレシュ　K.マルホトラ『マーケティング・リサーチの理論と実践―技術編―』同友館・2007年

平尾正之・河野恵伸・大浦裕二編『農産物マーケティングリサーチの方法』農林統計協会・2002年

奥瀬喜之・久保山哲二『経済・経営・商学のための実践データ分析―アンケート・購買履歴データをいかす』講談社・2012年

執筆者紹介（50音順）

岩崎　邦彦（いわさき　くにひこ）
1964年　神奈川県生まれ，1987年　上智大学経済学部経営学科卒業，1987〜1992年　国民金融公庫，1993〜1999年　東京都庁，1994年　横浜市立大学大学院経済学研究科修士課程修了，1999年　上智大学大学院経済学研究科博士後期課程単位取得退学，1999〜2001年　長崎大学経済学部専任講師・助教授，2001〜2008年　静岡県立大学経営情報学部助教授，2008年〜現在　静岡県立大学経営情報学部教授，2008年3月　博士（農業経済学）（東京農業大学）

木島　実（きじま　みのる）
1955年　東京都生まれ，1978年　日本大学農獣医学部食品経済学科卒業，1981年　日本大学大学院農学研究科修士課程修了，1981年〜現在　日本大学生物資源科学部（農獣医学部）　助手・専任講師・准教授（助教授）・教授，1998年3月　博士（農学）（日本大学）

平尾　正之（ひらお　まさゆき）
1951年　神奈川県生まれ，1975年東京教育大学農学部農村経済学科卒業，1975〜1981年　農林省農業技術研究所研究員，1981〜1991年　農林水産省農業研究センター研究員・主任研究官，1991〜1996年　農林水産省九州農業試験場研究室長，1996〜1999年　農林水産省農業総合研究所研究室長，1999〜2001年　農林水産省東北農業試験場・東北農業研究センターチーム長，2001〜2004年　中央水産研究所部長，2004〜現在　東京農業大学生物企業情報学科・国際バイオビジネス学科教授，1994年3月　博士（農学）（東京大学）

藤島　廣二（ふじしま　ひろじ）
1949年　埼玉県生まれ，1972年　北海道大学農学部農業経済学科卒業，1972〜1977年　学習塾経営，1974〜1980年　北海道大学大学院農学研究科修士課程・博士課程，1980〜1985年　農林水産省東北農業試験場研究員，1985〜1993年　農林水産省中国農業試験場主任研究官・研究室長，1993〜1996年　農林水産省農業総合研究所流通研究室長，1996〜2014年　東京農業大学農学部・国際食料情報学部教授，2014年〜現在　東京聖栄大学健康栄養学部客員教授（常勤），1985年3月　農学博士（北海道大学）

宮部　和幸（みやべ　かずゆき）
1963年　岐阜県生まれ，1986年　日本大学農獣医学部食品経済学科卒業，1989年　神戸大学大学院農学研究科修士課程修了，1989〜2005年　社団法人農業開発研修センター研究員・主任研究員，2005年〜現在　日本大学生物資源科学部食品ビジネス学科准教授・教授，2003年3月　博士（農学）（京都大学）

フード・マーケティング論

2016年4月15日　第1版第1刷発行

著　者　藤島廣二・宮部和幸・木島実・
　　　　平尾正之・岩崎邦彦
発行者　鶴見治彦
発行所　筑波書房
　　　　東京都新宿区神楽坂2-19 銀鈴会館
　　　　〒162-0825
　　　　電話03（3267）8599
　　　　郵便振替00150-3-39715
　　　　http://www.tsukuba-shobo.co.jp
　　　　定価はカバーに表示してあります

印刷／製本　平河工業社
©Hiroji Fujisima, Kazuyuki Miyabe, Minoru Kijima, Masayuki Hirao,
Kunihiko Iwasaki, 2016 Printed in Japan
ISBN978-4-8119-0482-5 C3033